게임 제작을 위한

Visual Basic
Programming

게임 제작을 위한
Visual Basic Programming

권 훈 지음

이담 Books

머리말

　많은 Visual Basic관련 책들이 있으나, 기능적인 설명에 치중하여 기본을 배우기에는 자세하고 좋으나, 실전 프로그래밍을 익히기에는 뭔가 부족한 것이 많은 것 같았다. 이에 본 책은 기본적인 Visual Basic의 문법 보다는 실전 프로그램에 대한 이해와 흐름을 돕기 위해 기획하였다. Visual Basic을 처음 접하는 사람들과 학생들이 관심을 가질 만한 실전 프로그래밍 기법이 바로 게임제작이 아닐까 싶었다. 게임 제작을 위해서는 많은 테크닉과 기술들이 필요하지만, Visual Basic을 처음 접하고, 또 이를 이용하여 실전 프로그래밍에 대한 경험을 느낄 수 있도록 해 주기 위해 간단한 게임 제작에 대한 테크닉을 소개하고 이를 Visual Basic으로 구현하여 봄으로써 성취감을 얻을 수 있을 것이다.

　또한, 제작에 따른 테크닉을 실제 하나 하나 자세히 설명함으로써 이해 없이 보고 답습하는 코드가 아닌 스스로 이해하고 구현하여 볼 수 있도록 하였다. 이를 위해 실제 소스 코드를 적지 않고, 순서도를 제시함으로써 순서도에 의해 이해하고 이를 분석하여 스스로 구현하도록 제시함으로써, 보다 프로그래밍 스킬을 높일 수 있을 것이라 생각한다.

　많은 학생들이 프로그래밍을 하고, 이에 대한 기술들을 습득하고자 노력한다. 스스로 본 책에 주어진 대로 "백문이불여일타"라고 생각하고, 하나하나 실습해간다면, 크게 어렵지 않게 주어진 문제들을 해결할 수 있을 것이다.

　이렇게 프로그래밍을 잘 하기 위해서는 물론, 언어적 문법을 잘 습득하는 것도 중요하지만 무엇보다도 어떠한 문제가 주어졌을 때 이를 효율적으로 해결하기 위한 방법과 이를 적용하여 풀어나가기 위한 분석이 중요하다 할 수 있다.

"게임제작을 위한 Visual Basic"은 문법적 설명에만 치우치지 않고, 게임 제작을 통해 실전 프로그래밍 기법을 분석하고 제작 과정에 대한 전체를 순서도로 제시함으로써 스스로 생각하여 구현하여 볼 수 있도록 하였다.

따라서 본 책을 통하여 프로그래밍을 배우고자 하는 많은 학생들, 그리고 프로그래밍의 설계 및 게임 제작에 대한 이해가 부족한 학생들에게 많은 도움이 되길 바라면서 집필하였다.

끝으로, 이 책이 나오기까지 부족한 원고지만 기꺼이 탈고하고 이를 기획해주신 한국학술정보(주) 관계자분들과 기획팀의 임은정님, 편집하느라 수고해주신 편집팀의 박미현님, 그리고 항상 곁에서 큰 도움을 주는 사랑하는 영이와 가족들, 밝은 세상의 빛을 볼 날이 머지않은 긍정이에게 감사한다.

2008. 12. 어느날

저자 **권 훈**

차례

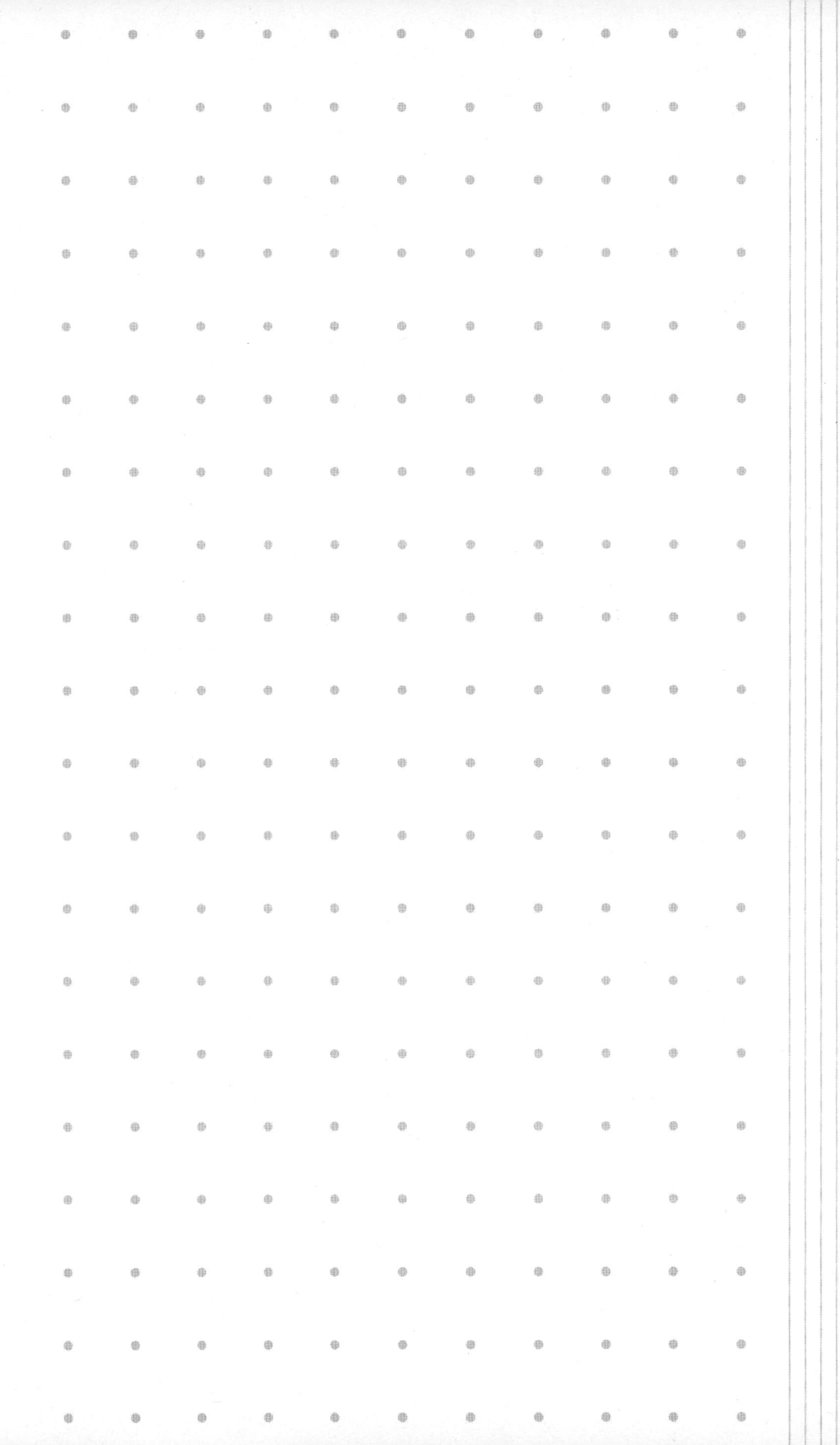

Part 1

Visual Basic의 기초

❶ Visual Basic의 개요

퀵 베이직을 기본으로 하여 최신의 그래픽 환경인 윈도우에 대응하는 것이 바로 Visual Basic이다. Visual Basic은 1991년 버전 1.0이 발표되고, 1992년 몇 가지의 기능이 확장되어 2.0이 발표되었으며 현재(2000년)는 버전 6.0이 사용되고 있다. Visual Basic을 배우는 목적은 프로그램의 기본적인 구조를 이해하고 프로그래밍 능력을 기르는 데 있다.

❷ Visual Basic의 특징

Visual Basic의 특징을 나열해 보면 다음과 같다.
- 뛰어난 시각적 디자인(Visual Interface Design)기능을 제공한다.
- 윈도우의 표준 개발 도구이다.
- 배우기가 쉽고, 구조적 프로그래밍을 할 수 있다.
- 확장성이 뛰어나다.

③ Visual Basic의 시작과 종료

【시작】

☞ [작업표시줄] → [시작] → [프로그램] → [Microsoft Visual basic 6.0] →
[VisualBasic]

【종료】

☞ [x] 버튼, [Alt]+[F4], [메뉴조절상자] 더블클릭, [파일]-[종료]

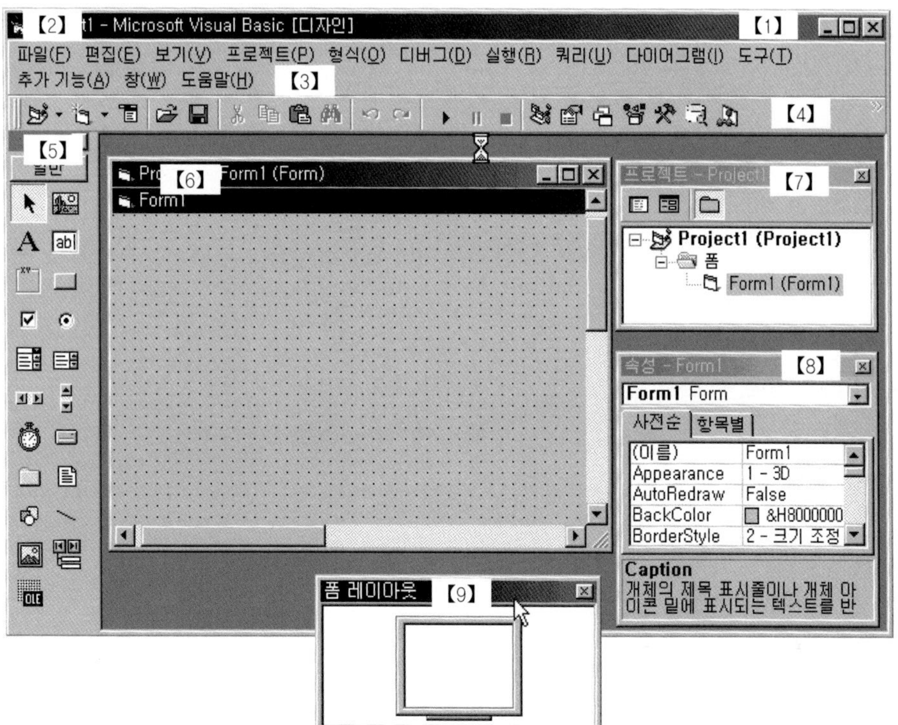

【1】 제어아이콘 박스

윈도우의 닫기, 크기변경, 응용프로그램의 교체 등을 할 때에 사용한다.
더블클릭하면 윈도우를 닫으며, 클릭하면 명령의 목록을 보여준다.

【2】 타이틀바

실행 중인 응용프로그램명, 파일명을 표시한다.

【3】 메뉴바

메뉴의 목록을 나타낸다. 각 메뉴를 클릭하면, 드롭다운(Drop Down)메뉴
가 나타나고, Visual Basic을 조작한다.

【4】 툴바

자주 사용하는 명령이 버튼에 할당되어 있다.

【5】 툴박스

여기에 나타나 있는 틀(도구)을 사용하여 폼 위에 명령 버튼이나 이름표, 옵션박스, 체크 박스 등을 붙일 수 있다.

【6】 폼

작성한 프로그램을 실행하면 이 폼에 디자인한 화면이 나타난다. 폼을 파일로 저장할 때에는 '폼 모듈'이라고 하는 파일 형식을 저장된다.

【7】 프로젝트 탐색기

작성한 프로그램에서 사용하고 있는 파일의 목록이 나타난다. 현재는 파일을 저장하고 있지 않으므로, 가정의 폼 파일명 FORM1이 나타나 있다. 이 윈도우에 나타나 있는 파일에는 폼 파일 이외에 'BASIC'파일 '클래스 파일' 등이 있다.

【8】 속성윈도우

객체가 가지고 있는 속성값을 변경하는 곳으로 폼 위에 붙여진 각종 객체의 디자인과 초기값 등을 설정한다.

【9】 폼 배치 윈도

작성한 프로그램을 실행할 때, 디자인한 폼을 화면 어느 장소에 나타나게 하는가를 지정한다.

【10】 코드 에디터 윈도우(객체를 더블클릭)

코드(프로그램)를 입력하기 위한
화면 코드 윈도우

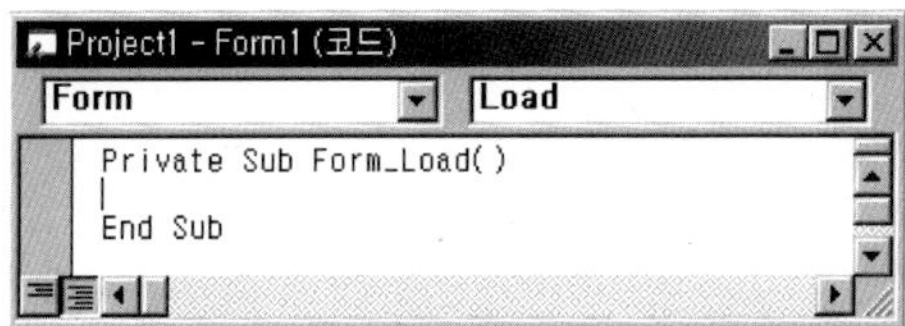

【11】 객체 찾아보기(Object Browser)

이용할 수 있는 객체나 속성 등의 정보를 표시하여 프로젝트의 입력을
도와주는 창

【12】 직접 실행 창(Immediate)

프로그램을 실행시키지 않고, 간단한 커맨드 라인 명령어를 실행시켜 결
과를 보거나, 프로그램의 중간 중간에 결과값을 출력시켜 확인할 수 있다.

【참고】 윈도우의 표시/숨기기의 교체

「보기」메뉴를 이용하여 원하는 창을 클릭하면 창이 나타나고 닫기「x」를
클릭하면 창이 닫힘

【참고】 도킹 (Docking): 메인 윈도우 안에 여러 개의 창이 결합되어 있는
상태

플로팅(Floating): 각각의 메인 윈도우에서 분리하여 나타낸 상태

5 작업 환경

    Visual Basic 5.0부터는 윈도우의 MDI(Multi Document Interface)를 채용하고 있다. 이 환경에 익숙한 사용자를 위하여 SDI(Single Document Interface)의 개발환경으로 설정하여 사용할 수 있다.

☞ [도구] → [옵션] → [고급] → [SDI개발환경]란에 체크 → [확인]
☞ [프로그램종료] → [Visual Basic] 재실행

【실습】 : 윈도우 조작

1. 윈도우의 이동   2. 크기변경   3. 닫기와 열기   4. 최소화와 최대화

Memo

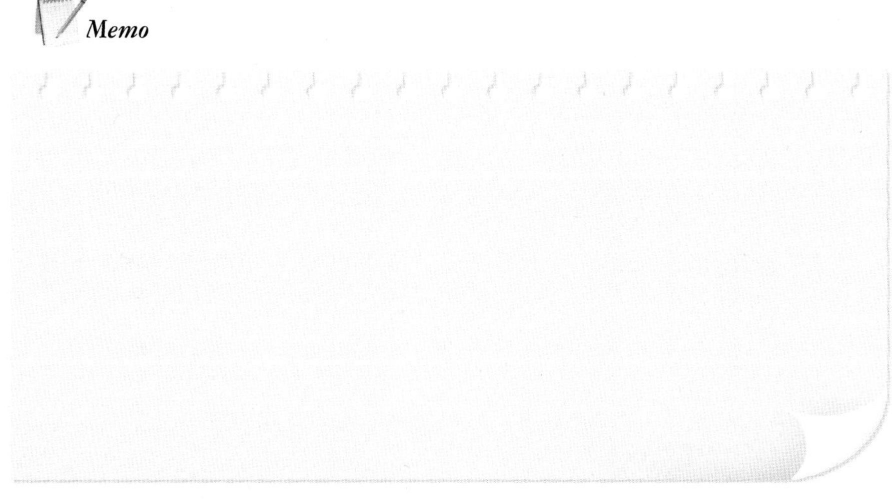

6 윈도우의 도움말기능

(6.0버전부터는 MSDN을 설치해야만 도움말 기능을 활용할 수 있다.)

가. 목차를 이용한 활용

나. 색인을 이용한 활용

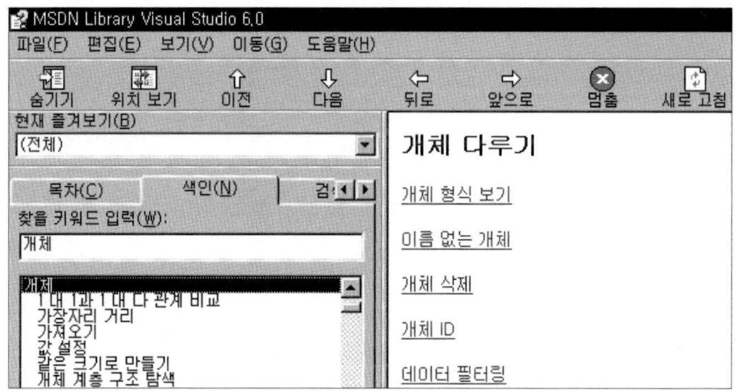

【확인】 배운 내용을 확인하여 봅시다.

☐ Visual Basic의 특징	☐ SDI개발 환경 설정
☐ 프로그램의 시작과 종료	☐ 윈도우의 배치 변경 및 크기 변경
☐ 화면의 명칭 알기	☐ 윈도우의 열기 닫기
☐ 도킹과 플로팅의 구분	☐ 도움말 기능의 활용

7. 비주얼 베이직의 용어

가. 디자인타임/런타임

▷ 디자인타임: Visual Basic 프로그램을 작성하기 위하여 개발 통합 환경에서 작업을 할 시점을 말한다.

▷ 런타임: 프로그램이 실행되고 있는 시점을 말한다.

나. 객체(Object)

Visual Basic에서의 객체란 다른 것과 구별할 수 있는 모든 것을 객체로 생각한다. 예를 들어 폼 위에 버튼이 있다면, 폼과 버튼은 구분될 수 있으므로 객체이다. 또한 모든 객체는 메소드 속성 이벤트를 갖는다.

다. 메소드(Method)

객체가 할 수 있는 행동, 능력, 기능을 메소드라고 한다. 예를 들어 사람은 걸을 수 있으므로 사람은 걷기라는 메소드를 갖는다. 새는 날 수 있으므로 난다는 메소드를 갖는다. 이와 같이 비주얼 베이직에서도 모든 객체들이 어떤 메소드를 갖는데, 프로그래머는 이 메소드를 호출함으로써 객체에 어떤 일을 시킬 수 있는 것이다.

라. 속성(Property)

객체가 가지고 있는 성질, 크기나, 색상 또는 그 객체 위에 쓰인 텍스트 등 모든 성질을 총칭해서 속성이라고 한다. 디자인타임에서는 이 속성을 바꿈으로써 사용자의 행동에 따른 프로그램의 반응을 나타낼 수 있다.

마. 폼(Form)

폼은 사용자 인터페이스를 작성하는 창으로, 일반적으로 윈도우라고 부르는 형태의 객체를 말한다. 즉 창은 윈도우이다.

바. 이벤트(Event)

객체에서 일어나는 사건을 이벤트라고 한다. 버튼이 눌러졌다면 눌린 이벤트가 발생한다. 객체를 이동했다면 이동에 대한 이벤트가 발생한다. 이와 같이 객체마다 고유한 이벤트들에 대해서 핸들러를 부착함으로써 이벤트에 대한 어떤 행동을 취할 수 있도록 할 수 있다.

사. 이벤트-드리븐(Event – Driven)

도스에서와 같은 절차 중심적 프로그래밍에서는 시작점이 있고 그 순서대로 실행된다. 그러나 Visual Basic에서는 모든 코드가 순차적으로 시행되는 것이 아니라, 어떤 이벤트에 대해서 어떤 코드가 작동되고, 또 다른 이벤트에 대해서 다시 어떤 코드가 작동되고 하는 식으로 프로그램이 그때그때 발생한 이벤트에 의해서 진행된다. 이러한 방식을 이벤트드리븐이라고 한다.

8 Visual Basic에서 이용되는 파일 확장자

가. FRM: 폼파일, 폼과 구 위에 얹힌 모든 객체들의 정보를 갖고 있다.

나. BAS: 모듈 파일, 자주 사용되는 함수나 프로시저들을 모아 놓은 파일이다.

다. CLS: 클래스 모듈파일, 클래스 맴버와 메소드들이 정의되어 있다.

라. VBP: Visual Basic 프로젝트 파일이다.

9 프로그램 작성 순서

1. 프로그램을 실행하면 제목표시줄에 [안녕하세요]라는 폼 이름이 나타난다.
2. 프로그램을 실행하면 처음에는 **[텍스트상자]**에 아무 글자도 표시되지 않는다.
3. **[인사하기] 단추**를 누르면 [안녕하세요? Visual Basic]이라는 문자열 출력한다.
4. **[지우기] 단추**를 누르면 상자의 내용이 지워진다.
5. **[끝내기] 단추**를 누르면 프로그램이 종료한다.

가. 화면디자인(도구상자)

▷ 폼과 컨트롤의 위치나 크기를 목적에 맞게 배치하고, 객체를 정한다.

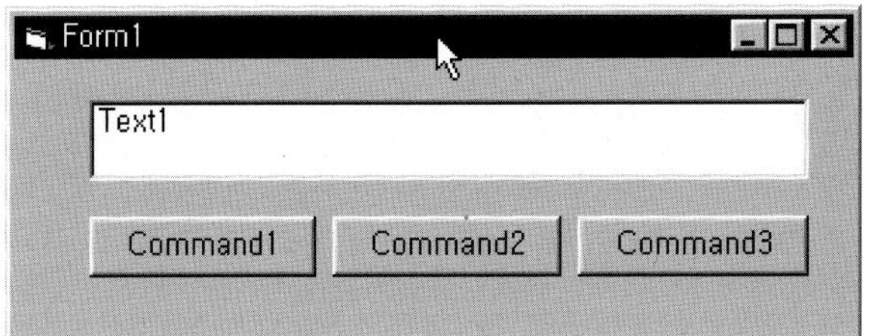

나. 속성의 변경(속성창)

▷ 폼과 컨트롤의 속성(property)을 목적에 맞게 변경한다.

다. 코딩 작업(코드편집창)

▷ 실제로 프로그램이 하는 처리를 코드의 형태로 이벤트 프로시저에 기
술한다.

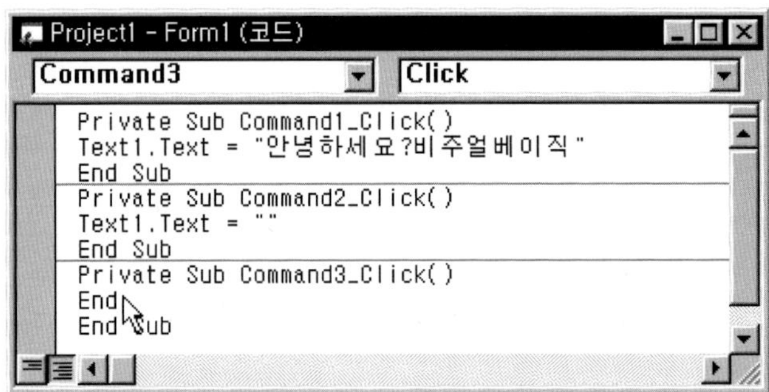

라. 프로그램의 실행

☞ [실행]-[시작] 또는 단축키: [F5]

▷ 프로그램을 실행하고 동작을 확인한다. 필요한 경우 위의 '가'-'다'
의 작업을 수정.

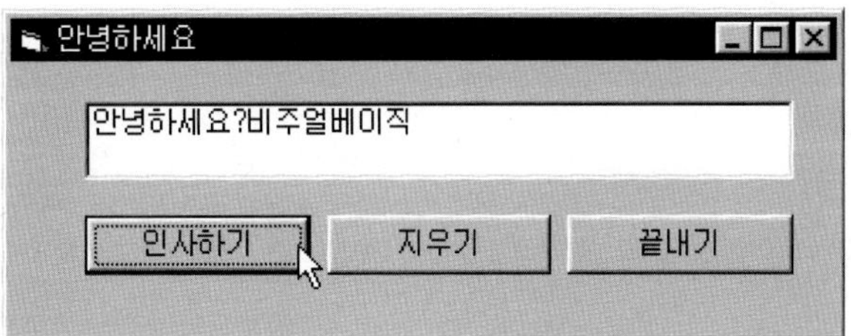

마. 저장하기

☞ [파일]-[프로젝트저장]

▷ 프로그램의 폼과 모듈, 프로젝트를 저장한다.

바. 실행파일 만들기

☞ [파일] – [연습1.exe만들기]

▷ 실행 가능한 파일로 변경하여 작성한다.

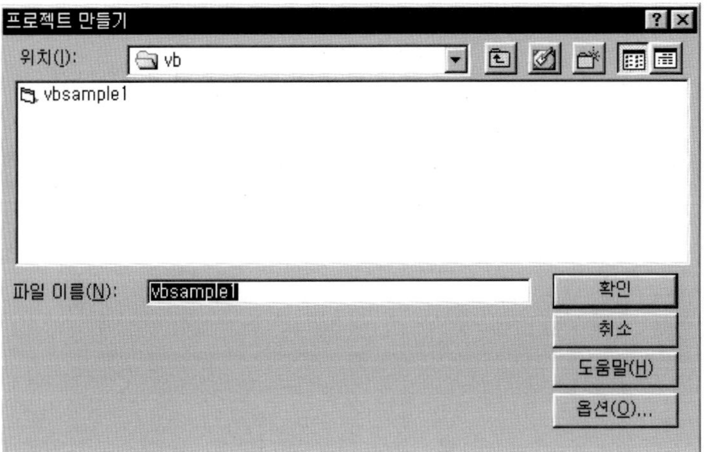

사. 컴파일과 실행파일 확인

▷ 만들어진 실행파일을 실행하여 본다.

아. 실행파일 확인

▷ Visual Basic은 COM규약에 의해 여러 DLL들로부터 객체를 얻어 쓰며, 또 각 DLL들은 윈도우의 레지스트리에 등록되어야 하고, 프로그램 그룹과 아이콘을 만드는 작업이 필요한데 이런 작업은 전용설치 프로그램이 이 작업을 담당하고 있으며 Visual Basic에 맞게 최적화되어 있다.

자. 패키지 및 배포마법사

▷ 프로그램을 배포하고자 할 때 사용하는 마법사.

【참고】

실행파일(exe)을 실행하기 위해서는 c:\windows\system 의 경로 (path)상에 Msvbvm60.dll 이나 Vb6ko.dll 이라는 런타임 라이브러리가 필요합니다.

이 파일이 없다면 이 파일을 c:\windows\system 디렉토리에 복사하십시오.

【실습】

프로그램 작성 순서에 다음 조건에 맞는 프로그램을 작성한 후 sample 2.exe를 만들어 보자

프로그램 구조 설계

1. 프로그램을 실행하면 제목표시줄에 [자랑스러운 한국인]이라는 폼 이름이 나타난다.
2. 프로그램을 실행하면 처음에는 **[텍스트상자]**에 아무 글자도 표시되지 않는다.
3. **[야구]** 단추를 누르면 '박찬호 선수 화이팅!'이라는 문자열을 출력한다.
4. **[골프]** 단추를 누르면 '박세리 선수 화이팅!'이라는 문자열을 출력한다.
5. **[지우기]** 단추를 누르면 텍스트상자의 내용을 지운다.
6. **[종료]** 단추를 누르면 프로그램을 종료한다.

Memo

가. 도구상자의 이름 및 기능

모양	이름	기능
	포인터	객체가 선택되지 않을 때 액티브 상태로 있으며, 폼 상으로 마우스가 이동할 수 있는 상태
	픽쳐박스	이미지 데이터나 텍스트를 표시하는 직사각형 영역(pic)
	레이블	텍스트의 영역표시, 출력만 가능(lbl)
	텍스트박스	텍스트의 입력과 표시 영역(txt)
	프레임	관련된 객체를 하나로 처리하는 직사각형 영역(frm)
	커맨드 버튼	마우스로 클릭하는 버튼(cmd)
	체크버튼	On/Off 상태 설정, 다중 선택 가능(chk)
	옵션버튼	복수의 항목에서 하나를 선택하는 버튼(opt)
	콤보버튼	리스트를 드롭 다운하고 그 안의 항목을 선택하는 버튼(cbo)
	리스트박스	리스트를 표시하고 그 안의 항목을 표시(lst)
	수평스크롤바	범위를 벗어나 보이지 않는 부분에 대항 수평영역의 스크롤(hsb)
	수직스크롤바	수직영역의 스크롤 기능(vsb)
	타이머	일정 시간마다 이벤트를 발생시킨다(tmr).
	드라이브 리스트박스	드라이브리스트의 표시와 취득(drv)
	디렉토리 리스트박스	디렉토리 패스의 표시와 취득(dir)
	파일 리스트박스	파일명의 표시와 취득(fil)
	쉐이프	사각형, 타원, 원 그리기(shp)
	라인	직선 그리기(lin)
	이미지	이미지 데이터를 표시하는 직사각형의 영역(img)
	데이터	데이터베이스의 데이터를 액세스한다(dat).
	OLE컨테이너	삽입가능한 객체의 플레이스 홀드 작성(ole)

나. 객체의 이름 짓기

객체의 이름은 그 객체의 특성을 잘 나타내어 요약하는 것이어야 생산성
이 높아진다. 대개의 경우 객체의 이름을 짓는 것은 헝가리안식 명명법이라
고 부르는 방법에 의하는데, 이 방법에서는 객체의 종류에 따라 접두사를
붙임으로써 그 객체를 구분한다. 일반적인 이름 붙이는 규칙은 다음과 같은
방법에 의한다.

▹ 이름의 맨 앞의 문자는 a에서 z까지(또는 A에서 Z까지)의 영어 알파
　　벳이어야 한다.
▹ 이름으로 사용할 수 있는 문자는 알파벳, 숫자, 언더스코어이며 그 이
　　외에 기호나 전각문자, 한글 등은 사용불가
▹ 이름은 40자 내외

모양	객체의 종류	접 두 사	예제
A	Label	lbl	lblHelpMessage
ab|	TextBox	txt	txtName
xy	Frame	frm	frmSchool
	CommandButton	cmd	cmdExit
☑	Checkbox	chk	chkGubun
◉	OptionButton	opt	optAge
	ComboBox	cbo	cboEnglish
	ListBox	lst	lstHak

다. 객체에 속성(Property) 부여하기

속성은 디자인타임 중에서 속성 윈도우를 통해 설정된다. 이때 설정된 속
성은 어플리케이션이 실행될 때마다 초기값으로 사용되며 다음과 같은 절
차를 거쳐 속성을 부여한다.

▹ 객체를 설정한다.

▷ 속성윈도우를 활성화시킨다(**단축키: F4**).

▷ 원하는 속성을 찾는다.

▷ 속성 윈도우 내에 값을 입력한다.

【문법】 Object.Property = Expression

【예제】 txtMessage.Text = 'Good Morning'

【실습】 다음과 같은 결과가 출력되도록 하여 보자(속성윈도우를 이용).

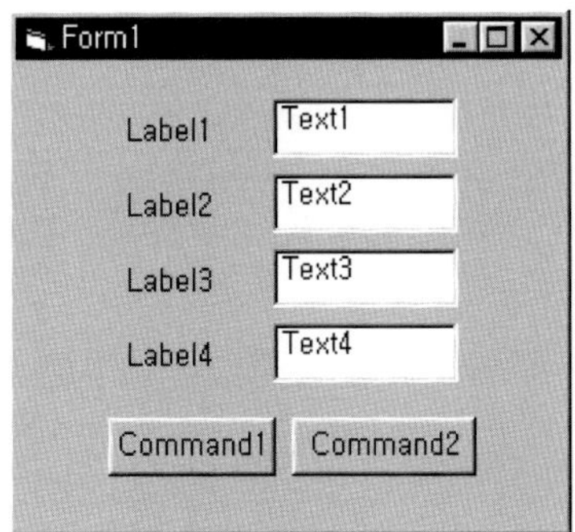

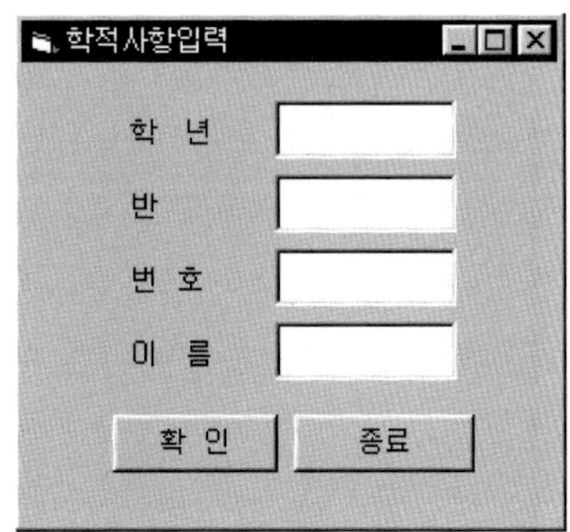

라. 메소드(Method)

메소드는 객체가 액션이나 일을 수행하도록 하는 방법이다. 일반적으로 메소드는 다음의 문법을 이용한다.

【문법】 Object.Method [arg1, arg2]

【예제】 form1.print   'Good Morning'

　　　　 printer.print   'Good Morning'

　　　　 printer.EndDoc

마. 이벤트(Event)

객체에 일어날 수 있는 사건

■ 절차중심 프로그램(순차중심)

이전의 도스 프로그래밍에서는 프로그래머가 코딩해 준 순서대로 일련의 명령들이 실행됨.

■ Event – Driven(사건중심)

윈도우 전반에 걸쳐서 동일하게 적용되는 개념으로 명령들이 지정된 순서에 의해서 실행되는 것이 아니라, 어떤 객체에 일어난 사건에 대해서 반응함으로써 작업이 이루어진다.

【예】 버튼을 누른다. 메뉴를 선택한다. 키보드로 입력받는다.

■ Event – procedure

객체의 특정 이벤트가 발생했을 때 수행되는 코드 묶음을 이벤트 프로시저라 한다.

【문법】 Sub ObjectName_EventName(arg1, arg2)

【예제】 Sub Command1_Click(   )
　　　　Msgbox '종료합니까?'
　　　　End sub

가. With …… End With

여러 개의 속성을 동시에 변경하거나 여러 번 메소드를 반복해서 사용하는 경우에 일일이 객체의 이름을 써 주기보다는 With …… End With 문을 사용하면 코드가 간결하다.

【문법】With Object
　　　.[statement]
　　　End with

【예제】

```
With  MyForm.Left = 200
With  MyForm.Top = 200
With  MyForm.Width = 3000
With  MyForm.Height = 3000
```

☞

```
With  MyForm
.Left = 200
.Top = 200
.Width = 3000
.Width = 3000
End  With
```

나. 오브젝트 브라우저

현재 프로젝트에서 사용 가능한 객체타입들이 어떤 메소드와 속성, 그리고 이벤트를 갖는지 한눈에 보여주는 Visual Basic addin 중 하나이다. Visual Basic 통합 환경에서 [F2]키를 누르면 브라우저가 나타난다.

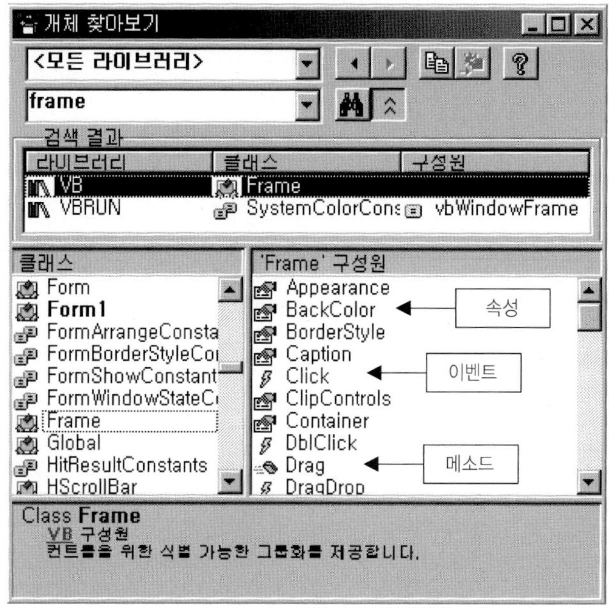

다. 폼(윈도우, Form)

폼은 Visual Basic 어플리케이션에서 가장 기본이 되는 객체로, 보통 윈도우라고 불리는 객체이다, 많은 속성과 메소드, 이벤트를 가지고 있다.

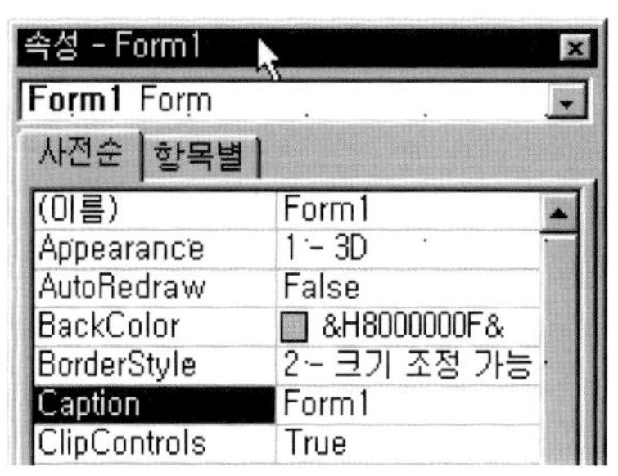

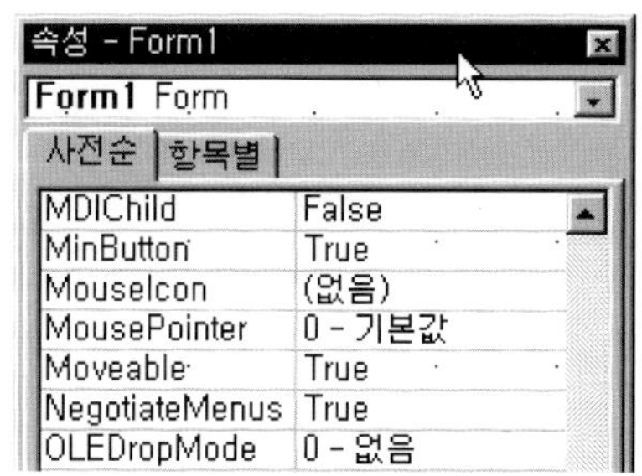

【실습】 다음과 같은 작업을 할 때, 이용되는 속성을 찾아보자.

1. 폼이름 바꾸기

    2. 폼배경색 바꾸기

        3. 실행모드에서 시각적 상태 설정(최소, 최대화)

Memo

⑫ 기본적인 컨트롤

가. Label(이름표)

레이블은 주로 어떤 입력 항목의 이름을 표시하는 데 사용되며 출력만
할 수 있다.

- Caption: 실제 출력되는 내용을 기입
- Borderstyle: 경계선의 유무
- Backcolor. BackStyle, ForeColor, Font: 다양한 형태의 출력을 위한 속성
- Autosize: 레이블의 크기를 문자열 크기에 맞게 수평으로 크기 자동조절
- WordLap: 위아래 방향으로 문자열의 내용에 맞게 자동으로 조절

나. TextBox(텍스트상자)

사용자로부터 데이터를 입력받을 수 있고 문자, 숫자, 날짜 등의 정보를 표시할 수 있다.

- Locked: 입력 금지
- Text: 내용을 입력하고, 출력
- MaxLength: 입력 문자 길이 제한
- PasswordChar: 비밀번호 입력 시 사용문자 지정
- Multiline: 여러 줄의 문장 입력 허용(여러 줄을 입력하고자 할 때는 ([Ctrl]＋[Enter]))
- Alignment: 문자열의 정렬

다. CommandButton(명령단추)

마우스나 키보드로 버튼을 선택하면 눌린 버튼에 해당하는 기능을 수행한다.

- caption: 버튼 위에 쓰이는 글자

【실습】 다음과 같이 **신원 확인** 폼을 만들어 보자
(Password 입력란에는 입력한 내용이 특수문자로 표시된다).

라. CheckBox(체크박스)

하나 이상의 옵션을 선택하고자 할 때, 참/거짓으로 판단
- Value: 선택여부 결정(True, False)

마. OptionButton(옵션버튼)

여러 개의 옵션 중에서 오직 한 개만 선택하고자 할 때
- Value: 선택여부 결정(True, False)
- Enabled: 옵션버튼의 비활성화(True, False)

※ 초기 상태에서 디폴트로 선택된 항목임을 보여주려면 True 선택

바. Frame(프레임) - 컨테이너 역할

주로 관련 있는 항목끼리 그룹단위로 묶어서 보기 좋게 정리하는 데 목적이 있다.

▶ 컨테이너의 특징

컨테이너 안의 컨트롤은 밖으로 끌고 나갈 수 없고 컨테이너를 이동시키면 그 안에 있는 컨트롤도 같이 이동된다.

【주의】 컨트롤을 프레임 안에 위치시키려면 반드시 프레임을 먼저 그린 후 배치해야 한다.

【실습】 다음과 같은 폼을 만들어 보자(컨트롤은 프레임 안에 포함시킨다).

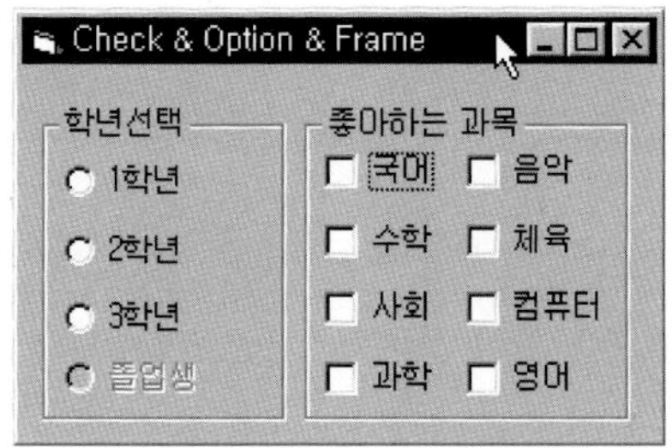

사. ListBox(리스트상자)

사용자에게 선택 항목을 리스트 형태로 보여주어 사용자는 그 리스트 중의 하나를 선택하여 입력한다.

- Sorted: 리스트의 내용을 정렬한다.
- Text: 사용자가 선택한 내용이 들어간다.
- List(index): 리스트상의 값을 사용
- ListIndex: 현재 선택된 내용의 index값을 돌려준다(0부터 시작).
- ListCount: 리스트의 총 개수를 돌려준다.
- Column: 여러 개의 열을 사용할 수 있게 한다.
  ▷ 0: 수평스크롤바(일반적)
  ▷ 1: 수평스크롤바 있는 리스트박스
  ▷ 1보다 큰 값: 수평스크롤바가 있는 여러 개의 열의 리스트박스
- MultiSelect: 여러 개의 항목 선택 가능 여부
  ▷ 0: 일반 리스트박스
  ▷ 1: 마우스나 스페이스 바를 이용한 선택
  ▷ 2: [Shift] + [Click], [Shift] + [방향키], [Ctrl] + [클릭]
- NewIndex: 최근에 추가된 항목의 색인을 돌려준다.
- ※ ListBox 속성에서 여러 개의 항목을 입력하고자 할 때는 [Ctrl] + [Enter]
- Style: ListBox의 형태를 지정한다.
  ▷ Style = 0 - 표준: 일반 목록 상자
  ▷ Style = 0 - 확인란: 목록 앞에 CheckBox가 표시됨(다중 선택 가능)

아. ComboBox(콤보상자) - ListBox + TextBox

목록에서 항목을 선택하는 것은 ListBox와 동일하나 원하는 항목이 없을 경우 직접 입력할 수도 있다는 점에서 구분된다.

- Style: ComboBox의 형태를 결정한다.

▷ Style ＝ 0: 늘어진 콤보(일반적인 콤보)

▷ Style ＝ 1: 단순콤보(처음부터 목록이 표시됨)

▷ Style ＝ 2: 드롭다운 콤보(입력상자에 입력이 안 됨)

자. ScrollBar(스크롤바)

현재의 값을 나타내기 위한 컨트롤로 수평, 수직 컨트롤바가 있다.

- Value: 현재 스크롤바의 위치값
- Min, Max: 최소, 최댓값 설정
- SmallChange: 화살표를 클릭하였을 때 이동하는 크기
- LargeChange: 나머지 영역을 클릭하였을 때 이동하는 크기

차. Timer(타이머)

일정 시간이 지나면 알려주는 일종의 알람시계와 같은 기능의 컨트롤이다. 실행 시에 화면에 표시되지 않으며 독립적으로 일정시간 동안 지정된 프로시저를 호출하여 실행한다.

- Interval: 호출 이벤트 지연 시간(1초인 경우: Interval ＝ 10,000)
- Enabled: 타이머 동작 유무 결정(True, False)

카. PictureBox(그림상자)

폼 윈도우에 그림을 삽입하고자 할 때 사용하는 컨트롤이다.

- Picture: 그림 불러오기 대화상자를 호출하여 그림을 선택할 수 있다.
- AutoSize: (＝True) 그림 크기에 맞게 컨트롤을 자동 조절한다.

타. 도형컨트롤

화면을 좀 더 시각적으로 보기 좋게 디자인하는 데 사용되는 컨트롤이다.

- Shape: 도형의 종류를 선택할 수 있다.

▷ Shape = 0: 사각형

▷ Shape = 1: 정사각형

▷ Shape = 3: 원형

파. 선 컨트롤

폼 윈도우를 디자인하는 데 사용되며 [BorderStyle] 기능을 이용하면 다양한 선 그리기 가능하다.

- BorderStyle: 선 모양을 결정할 수 있다.
- BorderWidth: 선의 굵기를 결정할 수 있다.

Memo

가. 문자 입출력 실습(레이블, 텍스트상자, 커맨드 버튼 예)

(1) 화면디자인   (2) 객체의 이름 및 속성변경(F4)

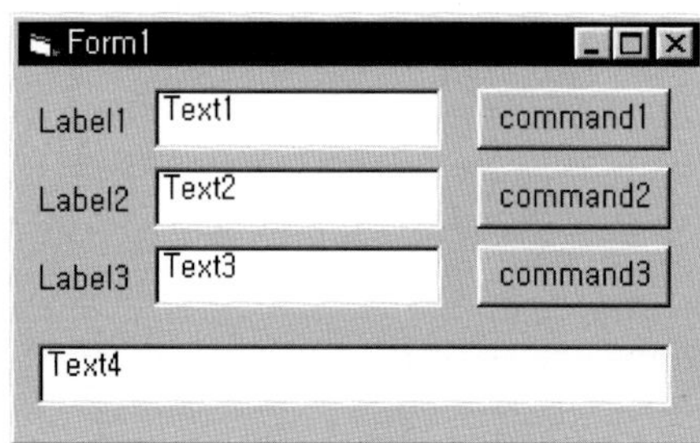
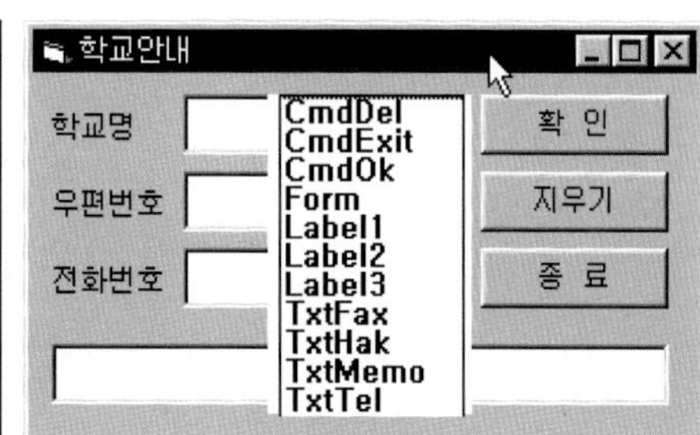

(3) 코드작성(폼 윈도우상의 객체를 더블클릭)

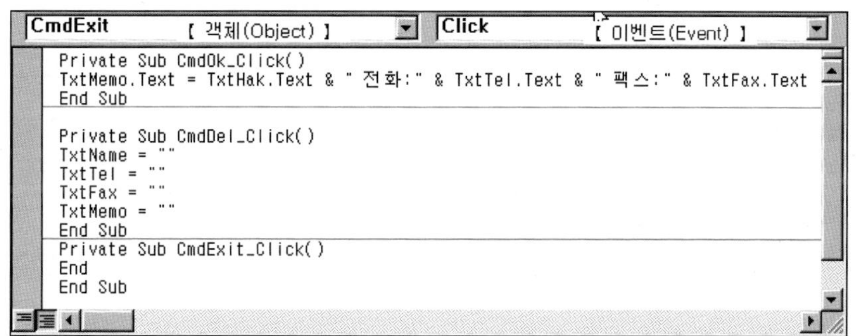

```
Private Sub CmdOk_Click( )
TxtMemo.Text = TxtHak.Text & " 전화:" & TxtTel.Text & " 팩스:" & TxtFax.Text
End Sub

Private Sub CmdDel_Click( )
TxtName = ""
TxtTel = ""
TxtFax = ""
TxtMemo = ""
End Sub
Private Sub CmdExit_Click( )
End
End Sub
```

【순서】 1. 객체(Object) 목록창에서 코딩하고자 하는 객체를 선택한다.

2. 이벤트(Event) 목록창에서 이벤트를 선택한다.

3. 코딩한다.

【참고】 문자와 문자의 결합은 '&'를 사용한다.

(4) 실행

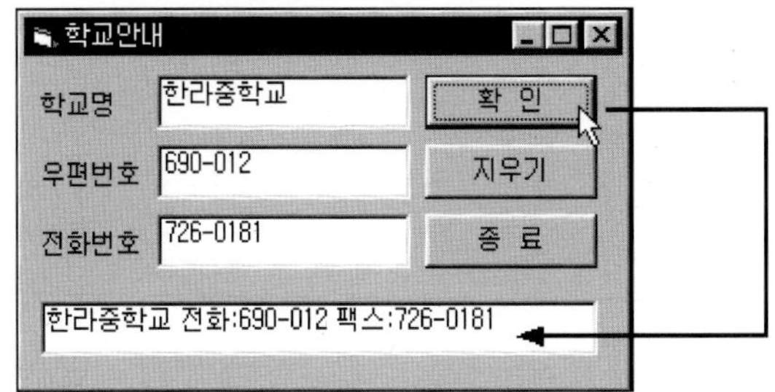

【추가】

1. TextBox의 입력 부분에 마우스를 가져가면 도움말 출력하기
   [ToolTipText 속성]
2. TextMeno란에는 입력할 수 없도록 만들기 [Enable 속성]

나. 숫자 입출력 실습(레이블, 텍스트상자, 커맨드 버튼의 예)

(1) 화면디자인   (2) 객체의 이름 및 속성변경(F4)

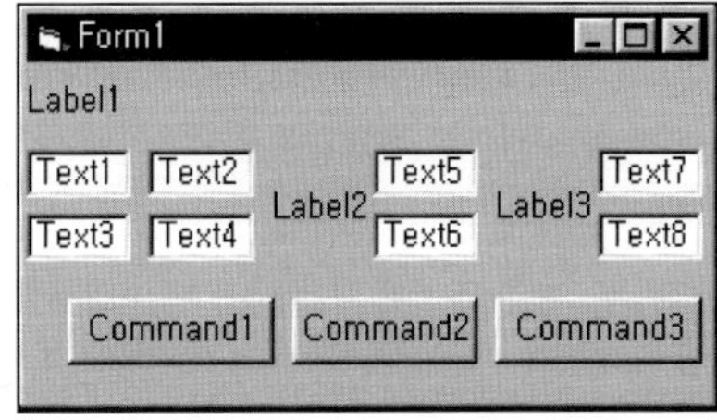 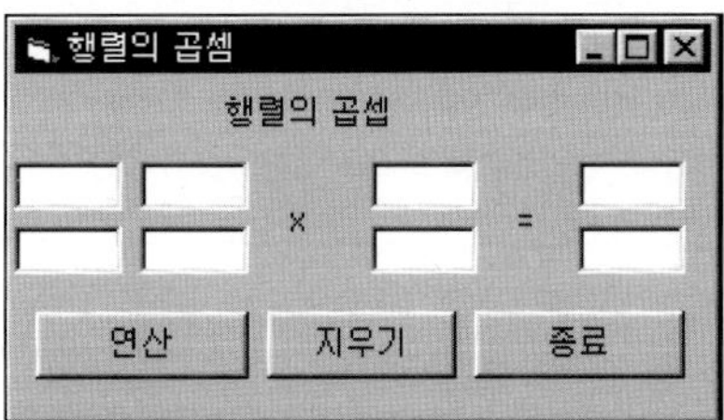

(3) 코드작성(폼 윈도우상의 객체를 더블클릭)

```
Private Sub CmdCal_Click()
    Num7 = Val(Num1) * Val(Num5) + Val(Num2) * Val(NUm6)
    Num8 = Val(NUm3) * Val(Num5) + Val(Num4) * Val(NUm6)
End Sub

Private Sub CmdDel_Click()
    Num1 = "": Num2 = "": NUm3 = "": Num4 = ""
    Num5 = "": NUm6 = "": Num7 = "": Num8 = ""
End Sub

Private Sub CmdExit_Click()
    End
End Sub
```

【참고】

- num1.text에서 text는 생략 가능하다.
- 문자열을 수치로 변환하는 함수는 '**Val**'이다.
- 사칙연산 기호(+ , − , *, /)

(4) 실행

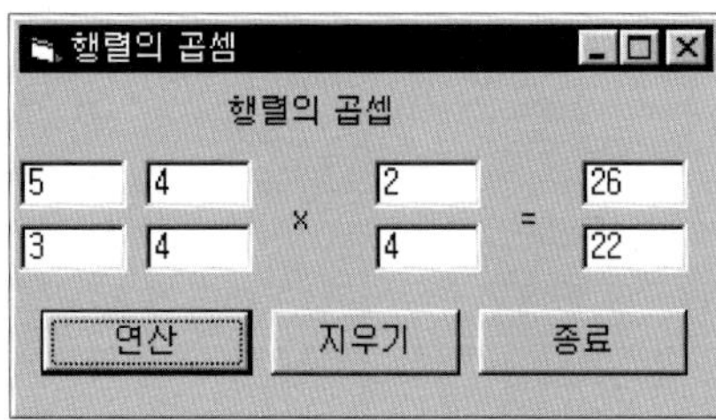

【추가】

1. Form의 배경색을 바꾸어 보자. [BackColor 속성]
2. TextBox에서 입력된 숫자를 가운데 정렬하여 보자. [Alignment 속성]
3. 결과란의 배경색을 바꾸어 보고 입력할 수 없도록 만들자.

   [Enable, BackColor 속성]
4. [Tab]키를 눌러 Focus의 이동상태를 확인하여 보자. [TabIndex 속성]

다. 문자 입출력 실습(멀티라인)

☞ 실행결과와 같은 프로그램을 작성하여 보자.

(1) 화면디자인   (2) 실행결과

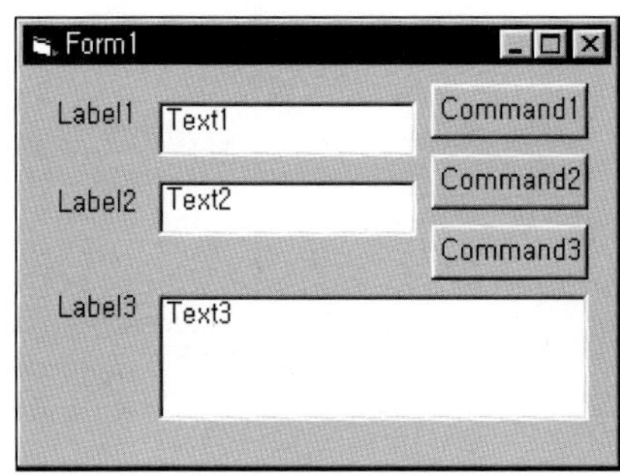

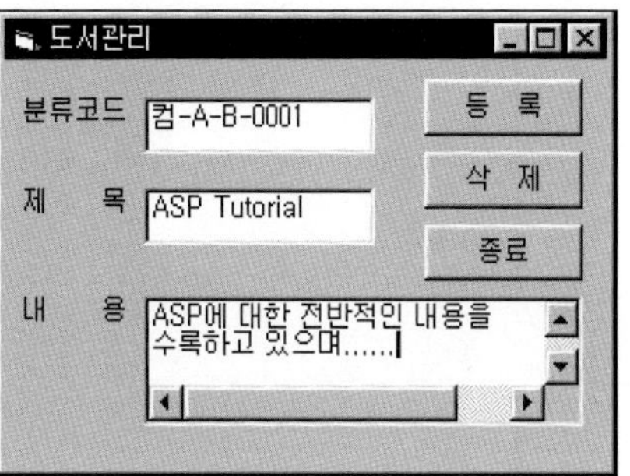

【조건】

- [등록]과 [삭제]를 누르면 모든 내용을 지운다.
- 내용 TextBox에 여러 줄을 입력 가능하게 합니다.
- 수평, 수직 스크롤바가 나타나게 한다.
- [등록] 버튼을 눌렀을 때, [분류코드]와 [내용]이 입력되지 않으면 Focus를 입력되지 않은 부분에 위치시킵니다(객체명.SetFocus 메소드).

Memo

라. 선택을 위한 컨트롤(Option 버튼, CheckBox, Frame)

(1) 화면디자인

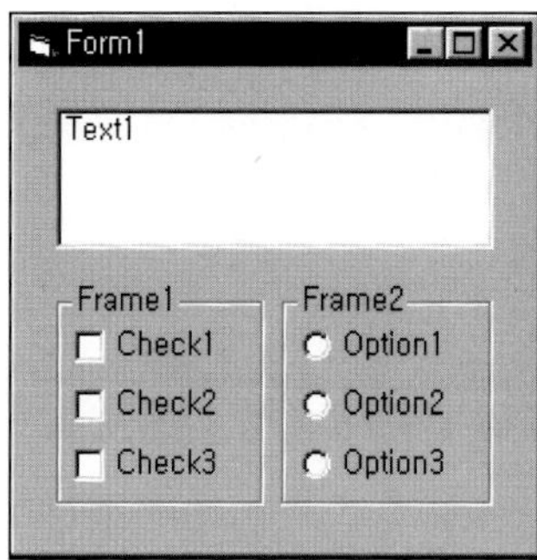

(2) 객체의 이름 및 속성변경(F4)

(3) 코드작성(폼 윈도우상의 객체를 더블클릭)

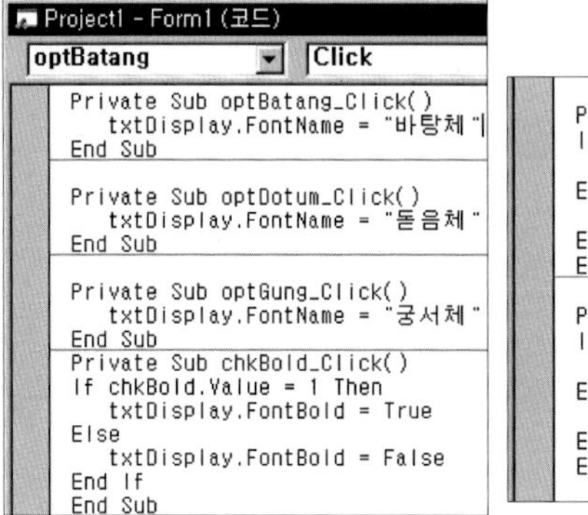

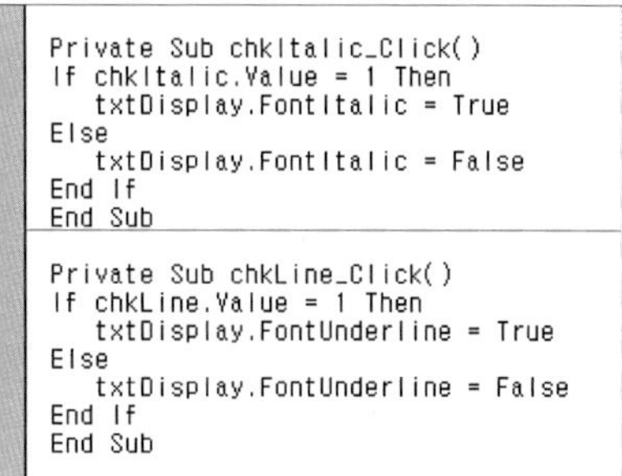

【도움】

- .Frame에 객체를 포함시키고자 할 때에는 반드시 Frame 객체를 먼저 그린 후 포함
- .FontBold, .FontItalic, .FontUnderline은 글꼴의 속성을 지정
- .FontName은 글꼴을 지정한다(표준 글꼴 대화상자에 나타나는 글꼴만 가능)

【추가】

- 글꼴의 색상과 크기를 지정하려면 어떻게 해야 할까?

【참고】 폼 상의 객체를 정렬

☞ [객체선택] → [맞춤]: 왼쪽맞춤 → [수직간격조정]: 모두 같게

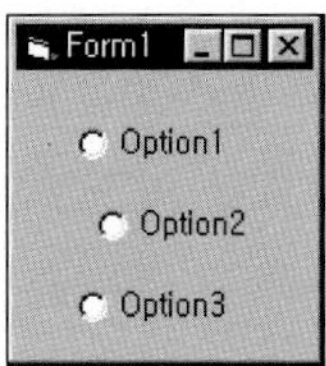
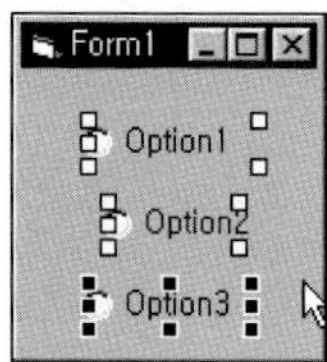
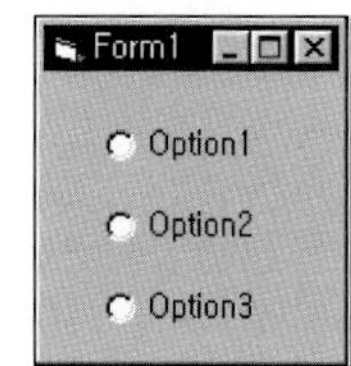

마. 목록상자(ListBox)

(1) 화면디자인   (2) 객체의 이름 및 속성변경(F4)

(3) 코드작성(폼 윈도우상의 객체를 더블클릭)

【도움】

- object.**ListCount**: 항목의 총 개수

- object. **ListIndex**: 현재 선택된 내용의 index값을 리턴(0부터 시작)

- lstDisplay.**AddItem** '홍길동': '홍길동' 리스트에 항목을 추가

- lstDisplay.**RemoveItem** 0: index가 0인 항목을 삭제

- lstDisplay.**Clear**: 리스트의 내용을 전부 삭제

- 항목을 선택하지 않으면 **ListIndex 속성값**은 -1입니다. 목록의 첫째 항목은 ListIndex 0이고 ListCount 속성의 값은 언제나 최대 **ListIndex** **값보다 1이 높게 된다.**

바. 콤보박스(ComboBox = ListBox + TextBox)

(1) 화면디자인   (2) 객체의 이름 및 속성변경(F4)

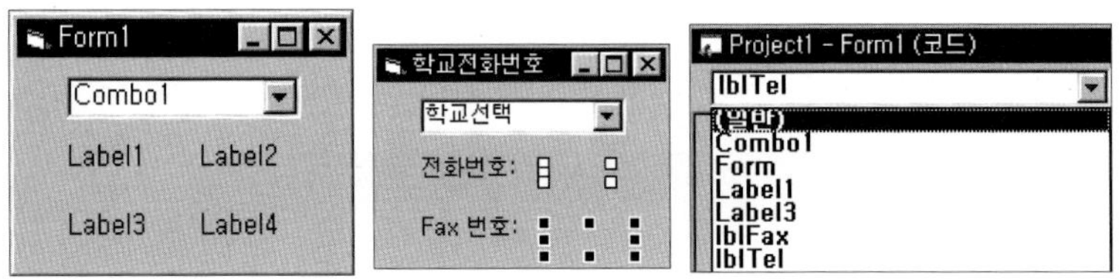

(3) 코드작성(폼 윈도우상의 객체를 더블클릭)

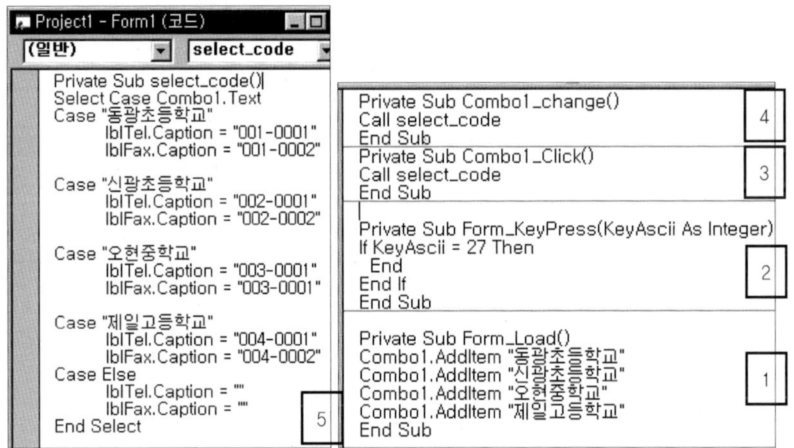

【도움】

- [1] Form을 더블클릭한 후 Form_Load()상태에서 코딩

- [2] 객체: Form, Event: KeyPress 상태에서 작업([ESC]가 눌려지면 프
  로그램 종료)

※ Form 속성에서 `KeyPreview` `True` 로 설정해야 [ESC]키가 작동

- [3] 콤보박스에서 한 개의 항목을 선택했을 때(Call 문장은 함수나 프로시저를 호출)

※ 객체 드롭다운 상자에서 (일반)을 선택한 후, 프로시저 틀을 포함해서

- [4] 콤보박스에 직접 항목을 입력하였을 때의 처리
- [5] 객체: 일반, Event: Private Sub select_code ← 직접코딩

사. 스크롤바(hscrollBar, VscrollBar)

(1) 화면디자인   (2) 객체의 이름 및 속성변경(F4)

(3) 속성설정(hScroll1)

LargeChange	10	빈 영역을 클릭 하였을 때
Left	120	
Max	255	속성의 최대값
Min	0	속성의 최소값
SmallChange	1	화살표 클릭 하였을 때

(4) 코딩

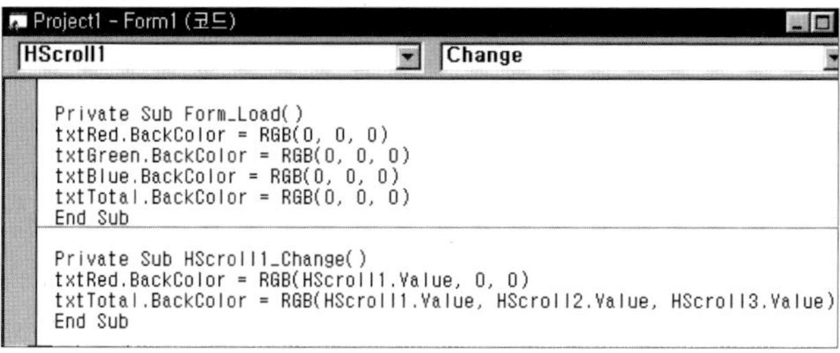

```
Project1 - Form1 (코드)
HScroll1                        Change

Private Sub Form_Load( )
txtRed.BackColor = RGB(0, 0, 0)
txtGreen.BackColor = RGB(0, 0, 0)
txtBlue.BackColor = RGB(0, 0, 0)
txtTotal.BackColor = RGB(0, 0, 0)
End Sub

Private Sub HScroll1_Change( )
txtRed.BackColor = RGB(HScroll1.Value, 0, 0)
txtTotal.BackColor = RGB(HScroll1.Value, HScroll2.Value, HScroll3.Value)
End Sub
```

(5) 결과확인

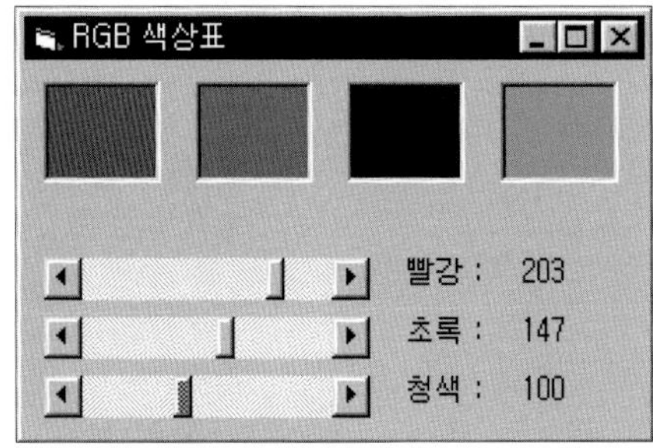

【참조】 Event

▷ Scroll: 스크롤바가 이동 중에 발생

▷ Change: 스크롤바가 이동한 다음에 발생

아. 타이머컨트롤(Timer)

(1) 화면디자인(Timer, Shape객체 배열) (2) 객체의 이름 및 속성변경(F4)

(3) 화면디자인(Timer 객체, Shape 객체 배열)

```
Private Sub Command1_Click()
Timer1.Enabled = True
End Sub

Private Sub Command2_Click()
Timer1.Enabled = False
End Sub

Private Sub Timer1_Timer()
Label3.Caption = Format(Date, "yyyy/mm/dd(dddd)")
Label4.Caption = Format(Time, "hh:mm:ss (am/pm)")
Shape2.Width = Shape1.Width / 60 * Second(Time)
End Sub
```

【실습】 다음과 같은 프로그램을 작성하여 보자.

자. 파일시스템컨트롤(DriveListBox, DirListBox, FileListBox)

DriveListBox, DirListBox, FileListBox는 개별적으로 동작을 한다. 이 상태로 프로그램을 실행하여도 연동되지 않는다. 각각의 컨트롤을 연동시키려면 각 컨트롤을 더블클릭하여 코드 에디터윈도우에서 코딩을 해 주어야 한다.

(1) 화면디자인

☞ [DriveListBox]컨트롤배치→[DirListBox]컨트롤배치→[FileListBox]컨트롤배치

(2) 코드작성(컨트롤 더블클릭)

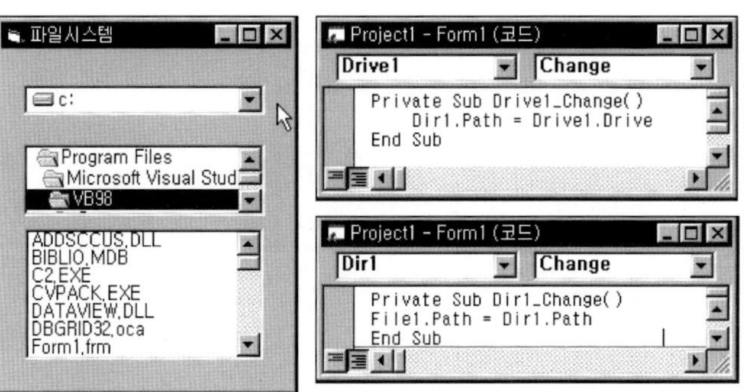

(3) 에러처리 구문(드라이브를 변경하였을 때)

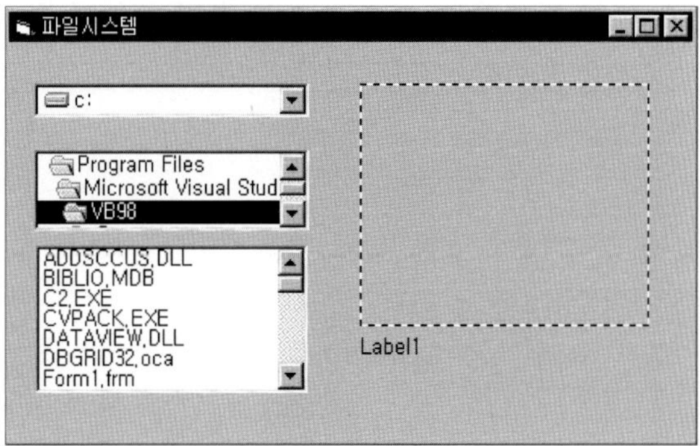

```
Private Sub Drive1_Change( )
  On Error GoTo Errorhandler:
    Dir1.Path = Drive1.Drive
    Exit Sub

Errorhandler:
    MsgBox "드라이브 점검바람!", vbRetryCancel + vbCritical, "Error"

End Sub
```

(4) 특정 파일을 열고자 할 때(그래픽파일)

```
Private Sub Form_Load( )
File1.Pattern = "*.jpg;*.gif;*.bmp"
End Sub
```

【실습】 그래픽 보기 프로그램

그래픽파일(*.jpg, *.gif, *.bmp)을 클릭하였을 때, 이미지와 경로를 폼 상
에 보여주는 프로그램을 작성해 보자.

(1) 화면디자인 (image 리스트)

(2) 실행화면

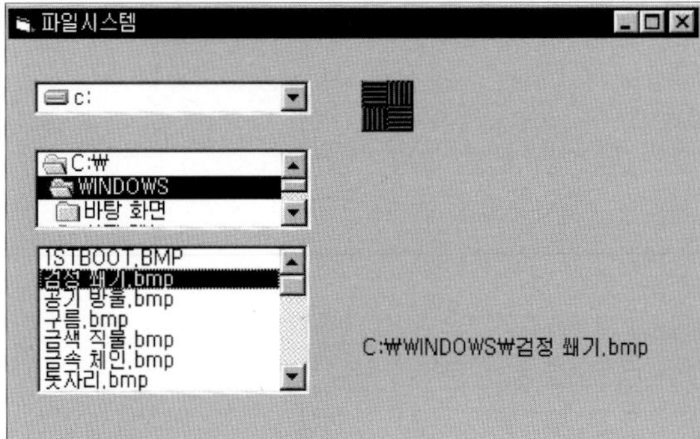

【과정】

1. [DriveListBox]컨트롤배치→[DirListBox]컨트롤배치→[FileListBox]컨트롤
   배치

2. imageList, Label 컨트롤배치

3. 시스템 연동에 대한 코딩

4. 파일을 클릭하였을 때의 처리

```
Private Sub File1_Click()
Image1.Picture = LoadPicture(File1.Path & '\' & File1.FileName)
Label1.Caption = File1.Path & '\' & File1.FileName
End Sub
```

1 메뉴편집기의 실행

☞ [도구] – [메뉴편집기] – [📄 메뉴 편집기(M)... Ctrl+E]

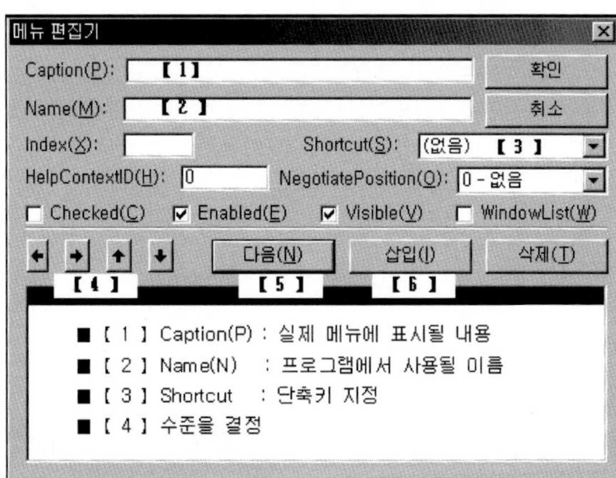

【참고】

- 분리자의 표시는 Caption 항목에 하이폰(-)을 입력하고 Name 속성에 '분리자의 이름'을 입력해 주어야 한다.
- 다음은 Checked 속성과 Enabled 속성을 부여한 것이다.

- 엑세스키의 사용방법: 메뉴편집기에서 엑세스키로 정의할 글자 앞에 '&' 기호 붙임

【예】 Caption: &Printer Setup

2 대화상자

가. 메시지상자

메시지상자는 프로그램을 실행하다가 에러가 생겼거나 혹은 입력사항의 안내 또는 경고를 표시하기 위하여 사용한다.

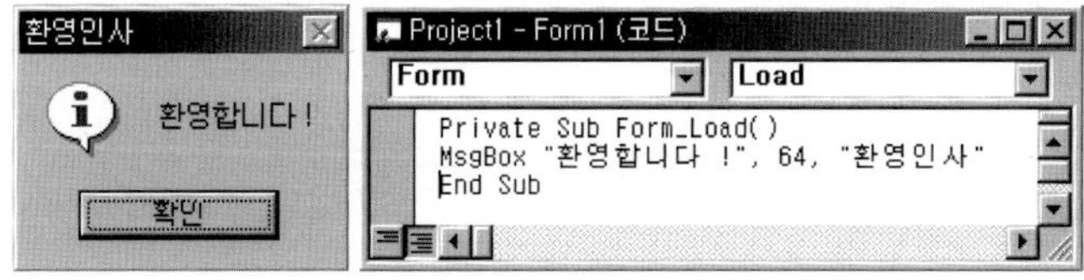

【형식】

1. Msgbox [출력문자열], [아이콘종류]+[선택단추], [제목표시줄]문자열

2. button = Msgbox([출력문자열], [아이콘종류]+[선택단추], [제목표시줄]문자열) (메시지상자에서 반환값을 필요로 하는 경우)

- 아이콘종류

아 이 콘	이름	상수	상 수 값
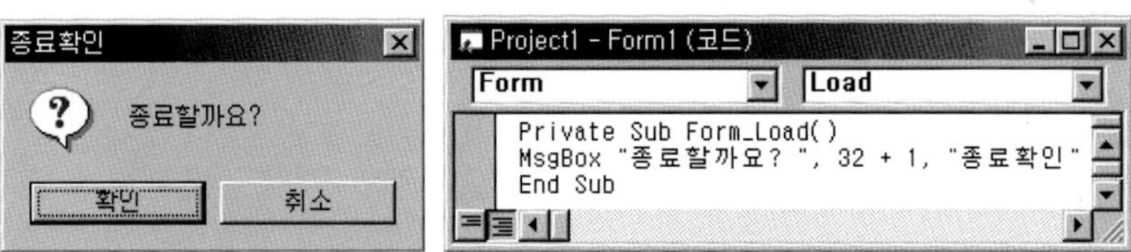 치명적인 에러	VbCritical	16
질의 경고	VbQuestion	32
경고	VbExclamation	48
정보	VbInformation	64

- 선택 단추 표시하기

Memo

▶ 단추의 종류

단추	상수	값	단 추 모 양
확인	VbOkOnly	0	확인
확인, 취소	VbOkCancel	1	확인　취소
취소, 재시도, 무시	VbAbortRetryIgnore	2	취소(A)　재시도(R)　무시(I)
예, 아니요, 취소	VbYesNoCancel	3	예(Y)　아니오(N)　취소
예, 아니요	VbYesNo	4	예(Y)　아니오(N)
재시도, 취소	VbRetryCancel	5	재시도(R)　취소

▶ 메시지상자에서 반환되는 변수값

단 추	상 수	상수값	사용자가 어떤 단추를 눌렀을까?
확인	VbOk	1	
취소	VbCancel	2	
재시도	VbAbort	4	
무시	VbRetry	5	
예	VbYes	6	
아니요	VbNo	7	

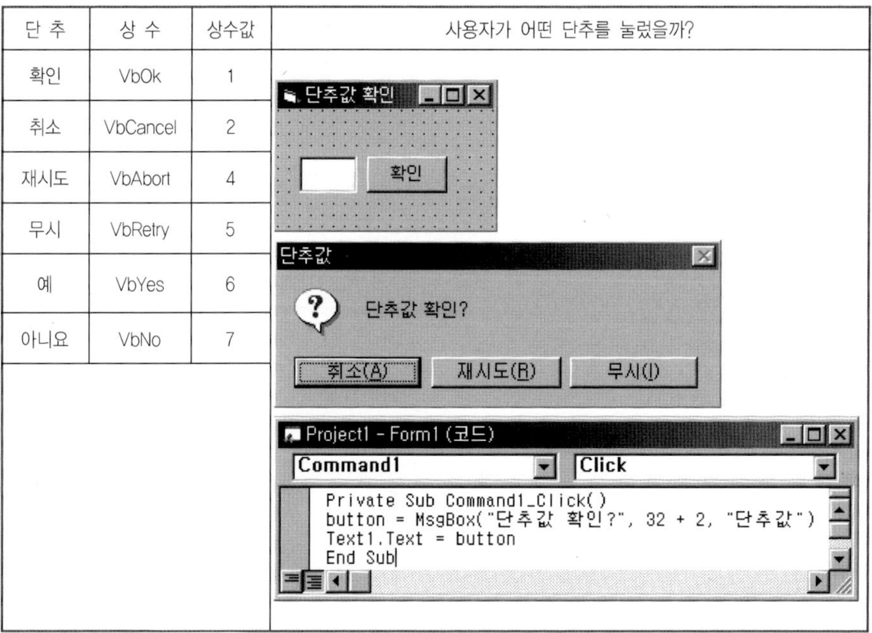

▶ 아이콘과 단추를 동시에 사용하려면 콤마(,)가 아니고 플러스(+) 기호
를 사용하여야 한다.

- MsgBox '입력된 값을 확인하세요?', VbYesNo
- MsgBox '입력된 값을 확인하세요?', VbQuestion

- MsgBox '입력된 값을 확인하세요?', VbYesNo + VbQuestion
- MsgBox '입력된 값을 확인하세요?', 36

- MsgBox '입력된 값을 확인하세요?', VbYesNo, VbQuestion ← 결과확인

나. 입력상자

자료를 입력받아야 하는 경우 예를 들어 암호를 입력받는다든지 이름, 회
원번호 등을 입력받을 때, 사용하는 함수

【형식】 InputBox('출력문자열', '제목표시줄 문자열')

【예】 InputString = InputBox('사용자 이름을 입력하세요', '사용자확인')

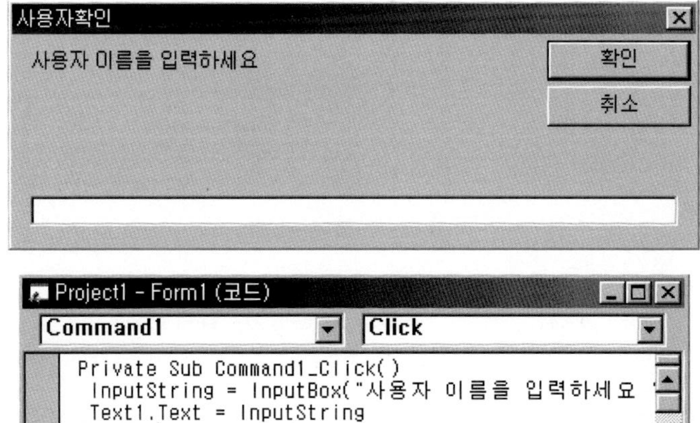

* 메시지상자의 크기는 문자열의 길이에 따라 자동으로 알맞게 표시된다.

다. 공용대화상자

Visual Basic에서 자주 사용할 만한 대화상자를 미리 만들어 놓은 것들을 말한다. 파일불러오기, 저장하기, 글꼴선택, 프린터설정 등을 쉽게 할 수 있다. 도구상자에는 공용대화상자를 그릴 수 있는 단추가 없으므로 다음과 같은 방법을 사용하여 공용대화상자를 등록한다.

(1) 공용대화상자의 등록

☞ [도구] - [프로젝트(P)] - [구성요소(O)] -
  [Microsoft Common Dialog Control6.0] - '확인'

☞ [도구상자 빈 영역] - [마우스_R 버튼] - [구성요소……]
  - [Microsoft Common Dialog Control6.0] - '확인'

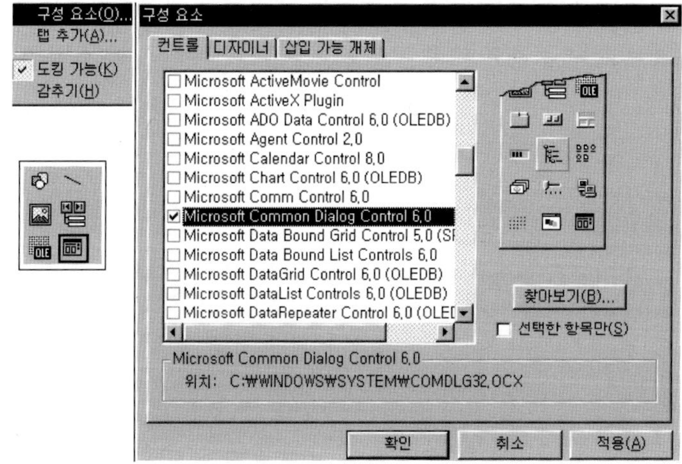

(2) 파일 열기 대화상자

데이터 파일을 읽어 들이기 위해서 파일명을 입력받는 대화상자이다.

☞ 도구상자에서 [공용대화상자] 컨트롤을 [폼] 상으로 드래그 & 드롭한다. 이 컨트롤도 타이머컨트롤과 실행 화면에서는 보이지 않으므로 아무 곳이나 위치시키고 다음과 같이 코딩

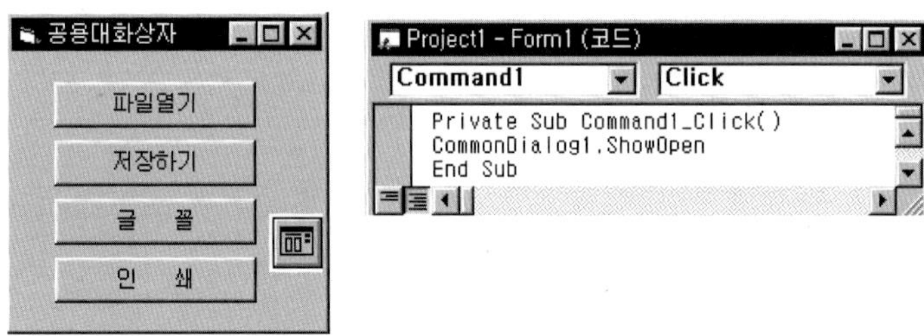

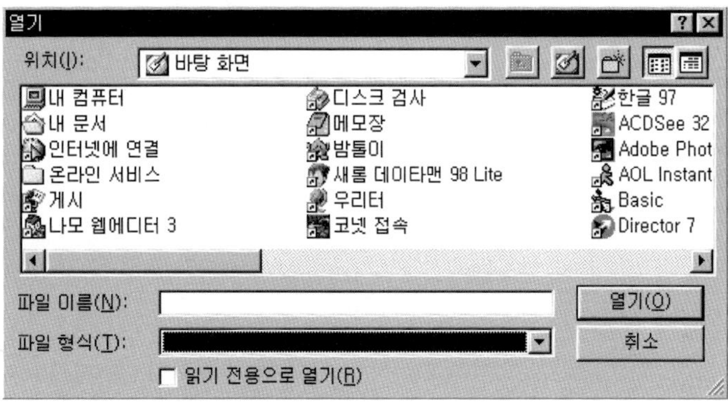

【실습】 다음을 참조하여 위의 프로그램을 완성해 보자.

- 불러오기 대화상자

  ▶ 파일 열기, 저장하기 대화상자에서 선택한 파일은 [FileName]이라는 속성에 지정됨.

  ▶ CommonDialog1.Filter: 확장자 지정 가능

  ▶ CommonDialog1.Filter = 'All Files(*.*)|*.*|Text Files(*.txt)|*.txt'

- 저장 대화상자 호출: CommonDialog1.**ShowSave**

  ▶ CommonDialog1.DialogTitle: 저장하기 대화상자의 제목표시줄에 표현될 문자열

- 글꼴 대화상자 호출: [※주의]

CommonDialog1.Flags = 1 ▶	화면글꼴	cdlCFScreenFonts	1
	프린터글꼴	cdlCFPrinterFonts	2
CommonDialog1.ShowFont	화면, 프린터글꼴	cdlCFBoth	3

▶ 글꼴 대화상자에서 지정한 값들은 다음과 같은 속성에 저장된다.

글꼴속성	내용	사 용 예
FontName	선택된 글꼴 이름	text1.Font = commondialog1.FontName
FontSize	글꼴의 크기	text1.FontSize = commondialog1.FontSize
FontBold	굵게 표시	text1.FontBold = commondialog1.FontBold

- 색상 대화상자 호출: CommonDialog1.**ShowColor**

  ▶ 색상 대화상자에서 선택한 색상값은 색상 컨트롤의 [Color]속성에 저
    장된다. text1.backcolor = commondialog1.color

- 인쇄 대화상자 호출: CommonDialog1.**ShowPrinter**

라. 도구막대(Tool Bar) 제작

☞ [MicrosoftWindows Common Control 6.0]에 포함

프로그램에서 자주 사용되는 메뉴를 버튼으로 대치시켜서 바로 실행할 수
있도록 하여 주며 버튼이 눌리면 ButtonClick 이벤트 프로시저가 호출된다.

마. 상태표시줄(Status Bar)

☞ [MicrosoftWindows Common Control 6.0]에 포함

프로그램 하단에 키보드 상태나 작업 상황을 알려주는 역할을 하며 상태
표시줄에 나타나는 각각의 영역을 패널(Panel)이라 한다.

【실습】 다음 과정을 따라해 보자.

1. [MicrosoftWindows Common
   Control 6.0] 도구상자에 등록하기
2. [ToolBar] 폼 위에 배치하기
3. [이미지리스트] 폼 위에 배치하기
4. [상태표시줄] 폼 위에 배치하기

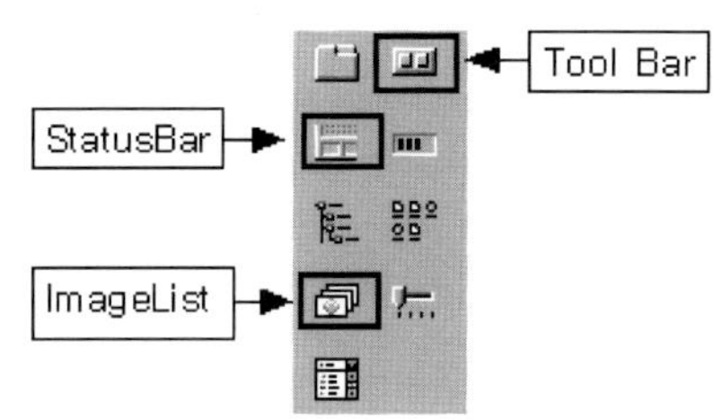

- 이미지리스트 사용자 정의

☞ [이미지리스트] → [마우스-R 버튼] → [속성] → [사용자 정의] 선택 →
  [속성페이지]의 [일반] 탭에서 [높이]와 [너비] 입력 → [이미지] 탭 클릭

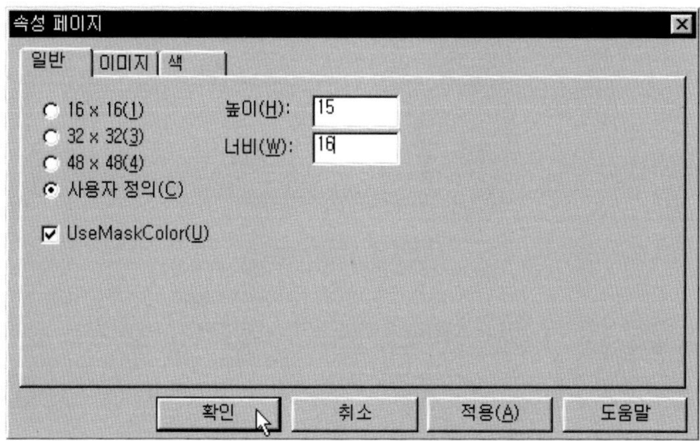

☞ [그림삽입] (index(I)는 이미지 호출 순서대로 붙여짐) → '확인'

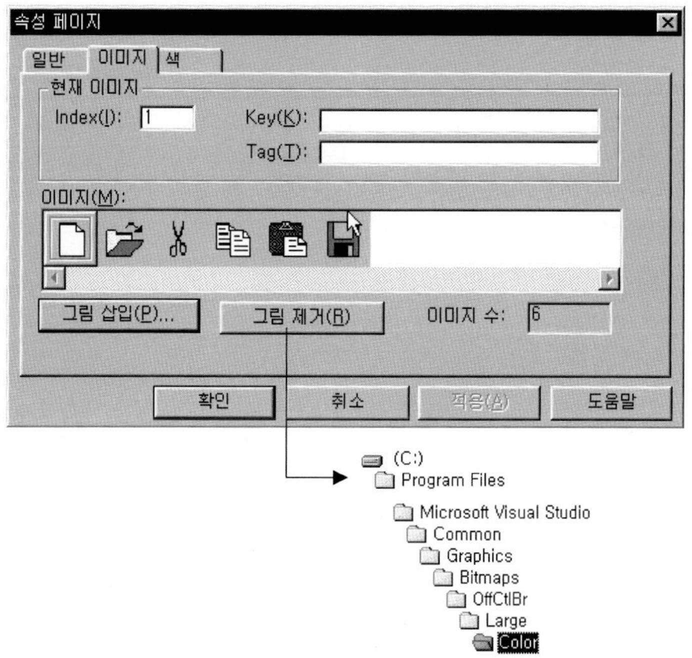

☞ [ToolBar의 사용자정의 속성 설정]

[ToolBar]에서 [마우스 R] 버튼 클릭 → [속성] → [속성페이지] 일반 → ImageList(I)에서 [ImageList1] 선택 → [단추] 탭 클릭

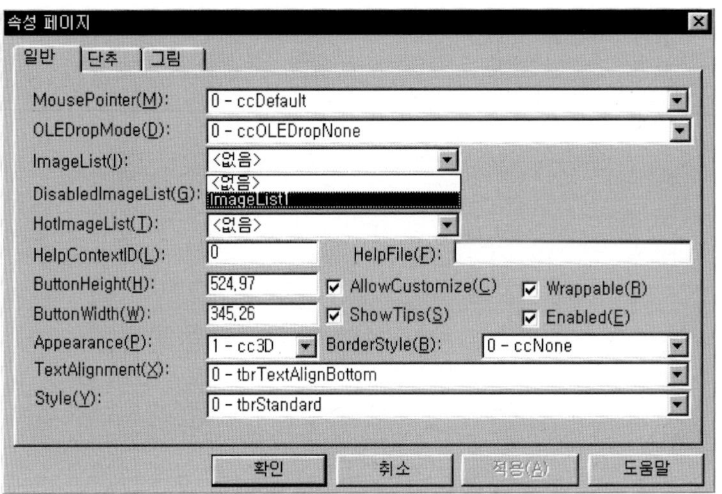

☞ [단추] 탭에서

[단추삽입]→ Styles(S): 0 - tbrDefault → image(G): 1 → [적용](← 3까지 반복)

[단추삽입]→ Styles(S): 3 - tbrSeparator→ image(G): 0 → [적용](← 구분 탭)

[단추삽입]→ Styles(S): 0 - tbrDefault → image(G): 4 →[적용](← 6까지 반복)

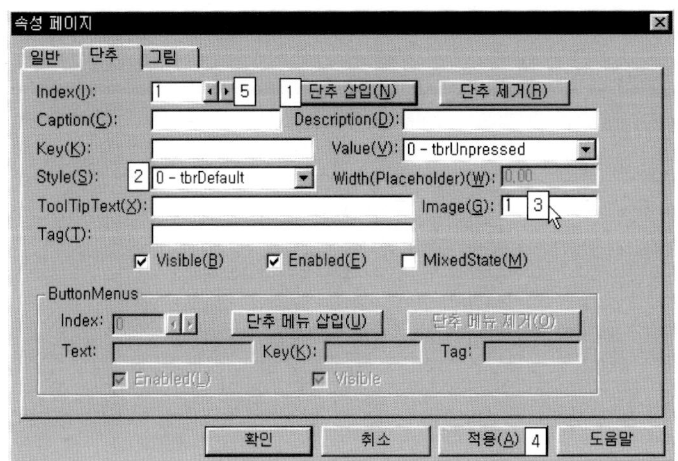

☞ [상태표시줄] → [마우스 - R]버튼 → [속성] → [속성페이지]의 [패널] 탭에서

패널삽입 Index(I): 1

   → style(S): 0 - sbrText → AutoSize(U): 1 - sbrSpring(적용)

패널삽입 Index(I): 2

   → style(S): 1 - sbrCaps → AutoSize(U): 1 - sbrSpring(적용)

패널삽입 Index(I): 3

   → style(S): 2 - sbrNum → AutoSize(U): 1 - sbrSpring(적용)

패널삽입 Index(I): 4

   → style(S): 3 - sbrIns → AutoSize(U): 1 - sbrSpring(적용)

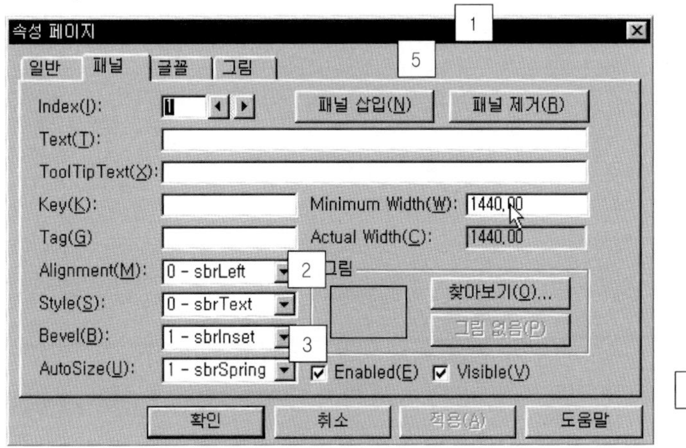

☞ 결과확인

- 이벤트 프로시저 작성 [ToolBar] 더블클릭 → 코드작성 → 실행

```
Private Sub Toolbar1_ButtonClick(ByVal Button As MSComctlLib.Button)
 Dim strMsg As String
 Select Case Button.Index
        Case 1: strMsg = "새 파일"
        Case 2: strMsg = "열기"
        Case 3: strMsg = "저장"
        Case 5: strMsg = "복사"
        Case 6: strMsg = "붙여넣기"
        Case 7: strMsg = "잘라내기"
    End Select
    StatusBar1.Panels(1) = strMsg
End Sub
```

Memo

바. 탭 대화상자

하나의 대화상자 공간으로 여러 개의 대화상자처럼 사용할 수 있는 공간 절약형 대화상자이다. 마치 견출지처럼 생긴 탭을 클릭하면 대화 상자에 서로 다른 내용을 표시할 수 있다.

☞ [MicrosoftWindows Common Control 6.0]에 포함

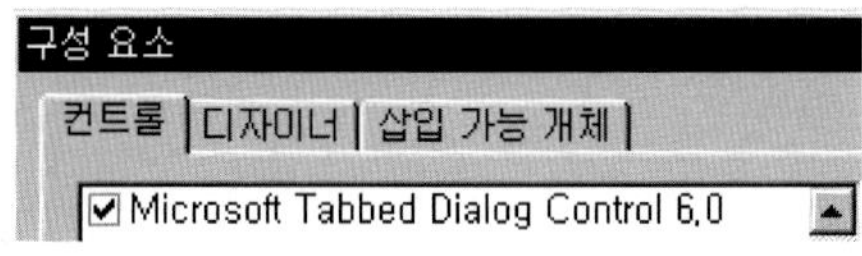

【실습】 다음과 같이 탭 바를 이용하여 문제를 제출하고 풀 수 있는 대화상자를 만들어 보자.

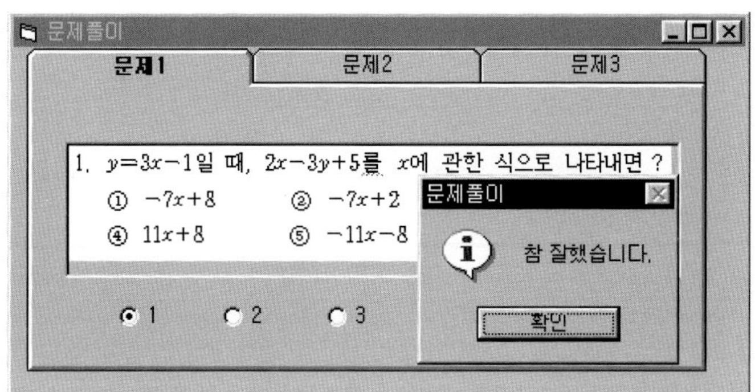

사. Form을 다루는 몇 가지 메소드

1) 폼 나타내기 연습 반복(Load 메소드/ Show 메소드)

Load 메소드는 폼을 메모리로부터 불러온 후 Show 메소드에 의해서 보이게 된다. 메모리에 없다면 먼저 로드한 후에 보이게 된다. Load 문이 존재하는 이유는 폼이 로드된 후에 몇 가지 초기화 처리를 하고 보여주어야 할 경우가 많기 때문이다.

【예】 **Load** frmMyForm, frmMyform.**Show**

2) 폼 모달과 모달리스

▷ Show 메소드는 끝에 생략 가능한 style인수가 있다.

▷ VbModel: 사용자가 오직 대화상자의 질문에만 답하여야 한다.

▷ vbModeless: 사용자가 질문 도중에 포커스를 다른 폼으로 이동 가능하게 한다.

3) 폼 숨기기(unload/Hide)

▷ Hide 메소드: 폼을 숨기지만 메모리에서 삭제된 것은 아니다.

▷ Unload: 폼을 숨기고 메모리로부터 삭제한다. 메모리에서 완전히 제거되지 않으며 end 문을 이용하여 완전히 제거한다.

【예】 **Unoad** frmMyForm, frmMyform.**Hide**

1 제어구조

가. 선택문

1) If ······ then ······ Else ······ Endif

If 문에서 지정한 조건을 만족할 때 Then 이하의 문장을 수행하고, 만족하지 않을 때, Else 이하를 실행한다.

【형식】		

■ If(조건판단) then
처리문장
 	
ElseIf(조건판단) then
처리문장
 	
ElseIf(조건판단) then
처리문장
   :
Else
처리문장
End If
	예1	■ 점수가 80점 이상이면 합격
		▷ If txtJumsu 〉=80 Then txtResult.text = '합격'
		▷ If txtJumsu 〉=80 **Then**
		txtResult='합격'
		End If

	예2	■ 점수가 80점 이상이면 합격 그 이외는 불합격
		▷ If txtJumsu 〉=80 **Then**
		txtResult='합격'
		Else
		txtResult='불합격'
		End If

	예3	■ 평균 70점 본선진출, 평균 60점 이상이면 인증
		그 이외는 불합격
		▷ If txtAvg 〉= 70 Then
		txtResult='본선진출'
		ElseIf txtAvg 〉= 60 Then
		txtResult='인증'
		Else
		txtResult='불합격'
		End If

【참고】 조건 구문에서 사용 가능한 연산자

A〈B, A〉B, A〈=B, A〉=B, A=B, A〈〉B(A와 B는 같지 않다.)

2) Select Case ~ End Select: 조건 선택문

Select Case는 하나의 조건에 따라 여러 가지 행동을 취하도록 하는 데 사용되는 구문으로 If 문으로 ElseIf를 중첩해 가면서 구현할 수도 있지만, 코드를 알아보기가 어려운 경우 Select Case를 사용하면 편리하다.

<table>
<tr><td rowspan="2">

【형식】
■ Select Case [비교할 표현식]
Case [비교될 표현식]
[실행문장]
Case [비교될 표현식]
[실행문장]
- - - - - - - - - - - -
Case Else
[실행문장]
End Select

</td><td>예1</td><td>

■ Select Case gubun
Case 1: Label1.caption = '초등학교'
Case 2: Label1.caption = '중학교'
Case 3: Label1.caption = '고등학교'
Case else: Label1.caption = '대학교'
End Select

</td></tr>
<tr><td>예2</td><td>

■ Select Case Taverage
Case 0 to 59: Label1.caption = '가'
Case 60 to 69: Label1.caption = '양'
Case 70 to 79: Label1.caption = '미'
Case 80 to 89: Label1.caption = '우'
case 90 to 100: Label1.caption = '수'
End Select

</td></tr>
</table>

나. 반복문

1) For ······ Next

지정한 횟수만큼 For ······ Next 안에 있는 구문을 실행하는 명령어

<table>
<tr><td>

【형식】
■ **For** 카운트변수 = 시작값 **To** 종료값 **[Step]** 증감값
　실행구문
　[Exit For]
　Next
▷ Step은 생략가능하며 생략하였을 경우 증가값은 1
▷ For ······ Next 문의 실행 도중에 루프를 빠져나가고자 할 때는 **Exit For**를 사용

</td></tr>
</table>

【실습】 원하는 구구단을 출력시켜 보자.

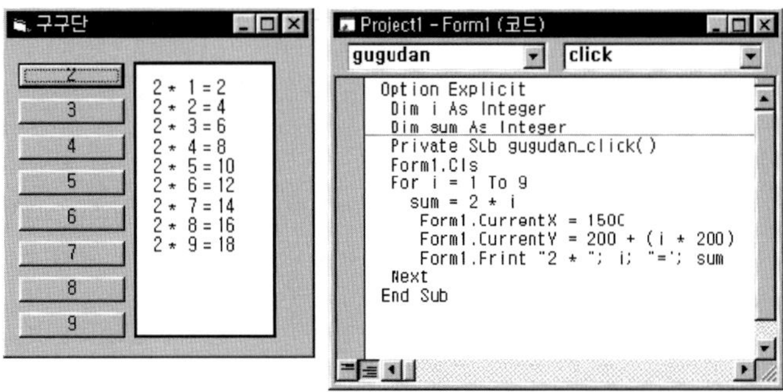

2) Do While ······ Loop

특정한 조건이 유지되는 동안 반복 수행하는 명령어

【형식1】	【형식2】
■ Do [While/Until] 수행조건 실행구문 [Exit Do] 실행구문 Loop	■ Do 실행구문 [Exit Do] 실행구문 Loop [While/Until] 수행조건

※ While: 조건을 만족하는 동안 Loop 반복, Until: 조건을 만족하면 Loop 종료
※ Do While ······ Loop 는 While ······ wend로 바꾸어 쓸 수 있다.

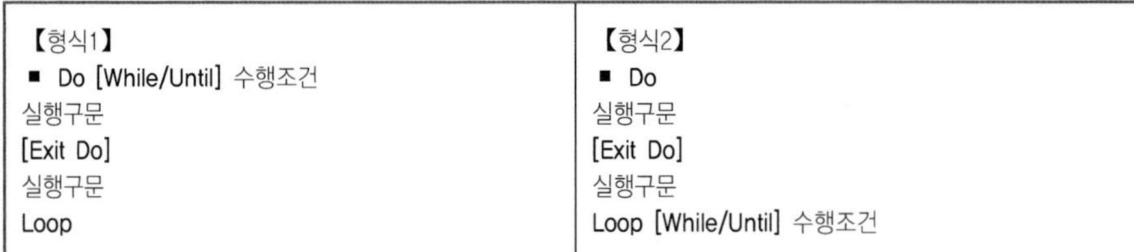

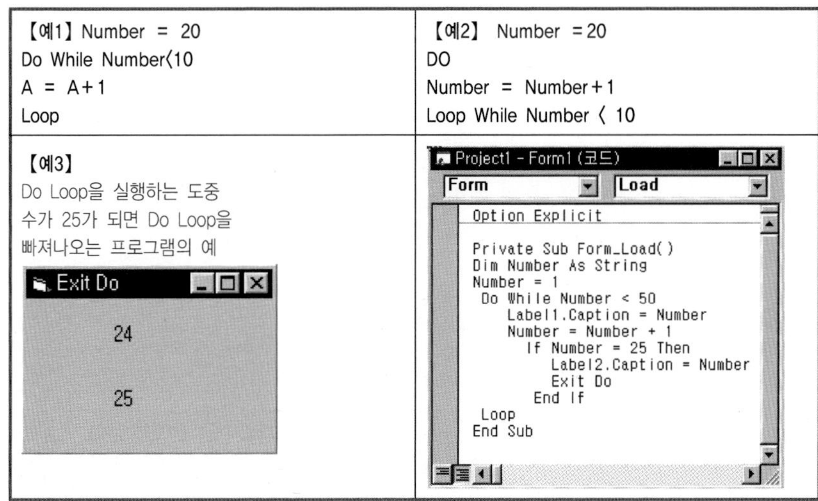

Memo

---

2 배열

가. 배열이란?

배열이란 크기와 자료형이 같은 변수의 집합으로서 여러 개의 변수를 모아서 처리할 때 사용한다. 배열을 구성하는 각각의 값을 **요소(Elements)**라 하고 요소를 구분하기 위하여 사용되는 번호를 **첨자(Subscript)**라 한다.

▷ 배열의 선언

Dim 배열명(첨자) As 자료형

※ Option Base: 첨자의 하한을 0 또는 1로 할 것인지 결정 (default = 0)

나. 일차원배열: 첨자가 하나인 배열로서 기본적으로 0부터 시작한다.

▷ TO 예약어: 배열의 범위를 변경할 수 있다.

【예】 Dim count(10 to 20) As Integer: 배열 범위가 10에서 20

▷ 1차원 배열의 초기화: 원소마다 값을 대입하여 초기화한다.

다. 다차원배열: 첨자가 둘 이상인 배열이다.

▷ 배열의 선언

Dim 배열명(첨자1, 첨자2, …… 첨자n) As 자료형

▷ 배열의 범위 조절

【예】 Dim arrayMat(1 to 3, 1 to 4) As Integer: 배열 범위가 10에서 20

▷ 다차원 배열의 초기화

For 문을 이용하여 원소마다 값을 대입한다.

라. 동적 배열

프로그램 실행 중에 크기를 바꿀 수 있는 배열을 말한다.

▷ 배열의 선언

배열선언 → [Redim] 명령어로 재배열

【예】 Dim aryMat(2,3) As Integer

　　　→Redim arymat(3,4) As Integer

▷ 배열의 내용 삭제: **Erase 배열명**

마. 컨트롤 배열

컨트롤의 모음을 하나의 집합으로 처리할 때 사용하며 이벤트 프로시저
하나를 공유하고 index를 매개변수로 구분하여 사용한다.

1 변수

변수는 언제든지 값이 변할 수 있는 것을 말하며 주로 데이터를 기억시키기 위한 메모리로서의 역할을 의미한다고 볼 수 있다.

가. 변수이름 규칙

(1) 반드시 첫 글자는 영문자로 시작해야 한다. 중간에 숫자가 들어가도 가능하다.

(2) 이름 중간에는 도트(.)가 들어가면 안 된다.

(3) 다른 변수 이름과 중복되면 안 된다.

(4) 이름은 255자를 넘을 수 없다.

(5) 예약어를 사용할 수 없다.

나. 변수에 저장할 수 있는 것들

변수에는 숫자만 입력할 수 있는 것은 아니머 문자나 문자얼, 날짜, 진리값(True, False), 통화, 그림이나 OLE객체 등 거의 모든 것을 저장할 수 있다. 그리고 숫자도 정수뿐 아니라 실수도 저장할 수 있다.

【예】 Total = 120

　　　run100 = 15.8

NewsBroad = 'MBC'

Today = #8/30/2000#

▷ 변수를 사용해서 저장할 수 있는 데이터의 형태

형태	선 언 자	저장할 내용	기호	메모리 사용(byte)
정수	Integer	정수	%	2
배정도 정수	Long	정수	&	4
단정도 실수	Single	실수	!	4
배정도 실수	Double	실수	#	8
문 자	Byte	정수	없음	1
문자열	String	문자열	$	문자당1
진리값	Boolean	논리값	없음	2
날 짜	Date	날짜	없음	8
통 화	Currency	실수	@	8
개 체	Object	그림, OLE객체	없음	4
구조체	Type	여러데이터집합		
공 용	Varient	모든 유형에 사용	없음	16＋문자당1

【참고】

1. 공용변수: 어떤 형태로 사용할 것인지 선언하지 않고 사용하는 변수를 말한다. 모든 유형에서 사용 가능하지만 메모리 사용량이 많다는 단점이 있다.

2. 선언자를 이용한 변수 사용의 예

(Dim, Static, Public은 변수를 사용하는 방법을 정의하는 키워드)

Dim Schoolname **As** String

Static Total **As** Integer

Public Gubun **As** Boolen

3. 위와 같은 선언은 반드시 변수를 사용하기 전에 사용해 주어야 한다.

다. 변수의 형태를 선언하지 않고 사용하려면

앞에서 변수의 형태를 지정하려면 먼저 선언해야만 했는데 선언 없이도
변수에 형태를 지정하여 사용할 수 있다. 즉 문자 뒤에 특수문자(형 지정자)
를 사용하면 되는 것이다.

▷ 변수 형태의 특수문자 지정

형태	선 언 자	특 수 문 자	저장할 내용
정수	Integer	%	정수
배정도 정수	Long	&	정수
단정도 실수	Single	!	실수
배정도 실수	Double	#	실수
문 자 열	String	$	문자열
통화	Currency	@	실수

※ 특수문자를 사용하면 선언하는 부분이 없이도 사용할 수 있다는 장점이 있다.

【예】

```
Dim Total As Integer
Dim SchoolName As String
Dim Taverage As Single
Total = 100
SchoolName = '제주대학교'
Taverage = 70.6
```

☞

```
Total% = 100
SchoolName$ = '제주대학교'
Taverage = 70.06
```

라. 변수의 선언

1) 암시적 방법

변수를 선언하지 않고 사용하는 방법으로 프로그램 에러 발생의 위험이
따른다.

2) 명시적 선언 방법(Option Explicit)

사용자의 입력 방지를 위해 변수의 명시적 선언이 권장되지만 이 선언만
으로는 충분하지가 않다. Visual Basic에 명시적으로 선언된 변수만을 사용
할 것이라고 알려주는 것이다. Visual Basic에서 선언하지 않는 변수를 만나
게 되면 이 변수를 Varient 형식으로 선언하고 사용한다.

☞ [도구]] – [옵션] – [변수 선언 요구] 체크 – 다음 실행 때부터 반영됨

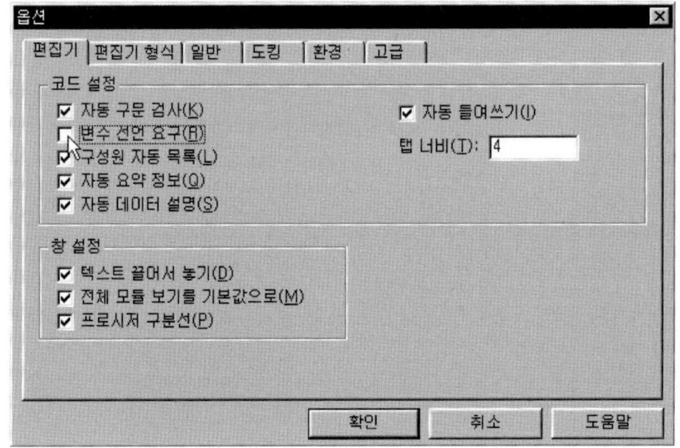

☞ [일반] 선언부에 – [Option Explicit]라고 코딩

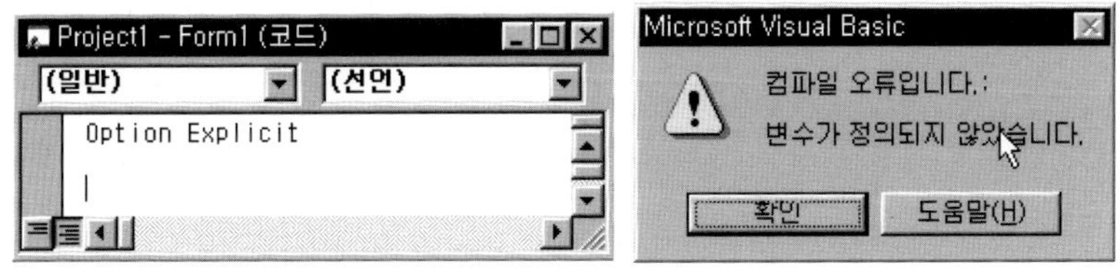

※ 모든 변수는 기본적으로 Dim 문에 의해서 선언됨

※ 선언된 변수는 문자인 경우 Null, 숫자인 경우 0으로 초기화됨

마. 변수의 범위

1) 지역변수: 프로시저 안에서 선언된 변수 프로시저를 벗어나면 작동하지 않는 변수, 즉 동일한 변수명을 가진 변수가 다른 프로시저에 있다 하더라도 다른 프로시저에 영향을 미치지 않는 변수이다.

　※ 지역변수도 계속 지정된 값을 보존할 필요가 있을 때에는 (static 사용)

2) 전역변수: 일반 선언부의 [Option Explicit] 바로 다음에 선언하며 모든 프로시저에 영향을 주는 변수이다.

　※ Private:모듈이 일반 선언부에서 Private로 선언된 변수로 메모리에서
　　 Unload되면 소멸하며 모듈 내에서 사용 가능

　※ Public: 모듈이 일반 선언부에서 Public이나 Global로 선언된 변수로
　　 프로그램이 종료되면 소멸하며 프로젝트의 모든 부문에서 사용 가능

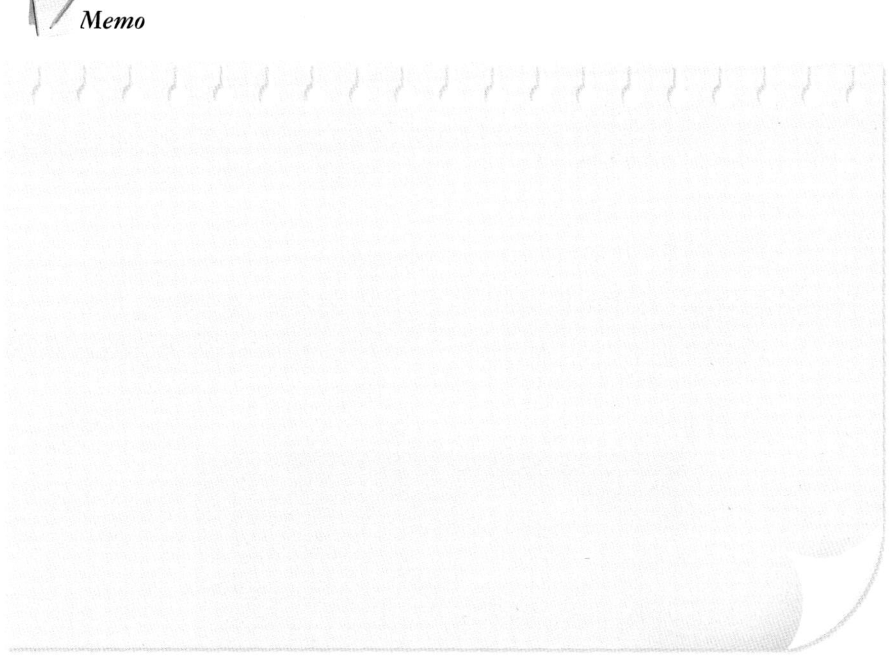

Memo

② 상수

변수와는 반대로 값이 변화가 없이 항상 일정한 것을 말한다. 주로 긴 문장이나 기억하기 어려운 내용을 대신하기 위해서 사용한다. 프로그램 내에서 한번 상수로 선언하면 이후에는 상수값을 바꿀 수 없다.

【예】

```
width1 = 50*3 * 3.141592
width2 = 48/3 * 3.151592
width3 = (22＋6)*4 * 3.141592
```

```
Const PIE = 3.141592
width1 = 50*3 * PIE
width2 = 48/3 * PIE
width3 = (22＋6)*4 * PIE
```

Memo

【실습】 두 수를 입력받아 여러 가지 연산 결과를 출력하는 프로그램을 작성해 보자. (단, 입력값은 10이하의 수만 입력 가능하게 할 것 - 변수선언)

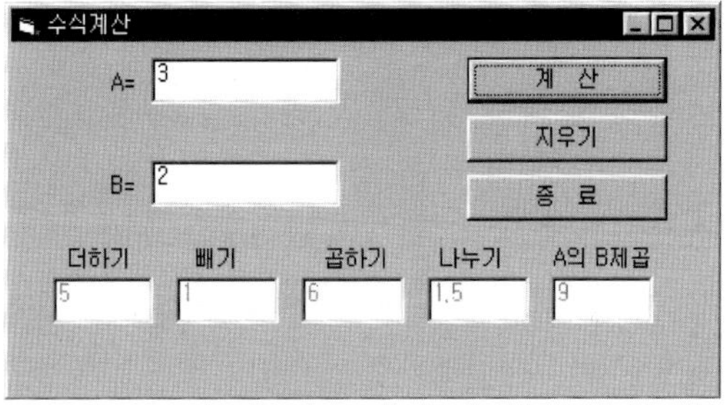

 **1** 산술연산

가. 산술연산의 예

a = 10 b = 3 c = a/b d = a₩b e = a mod b	☞ 등호의 역할은 오른쪽 연산의 결과를 왼쪽의 변수에 입력시키는 것이다. ☞ 등호 왼쪽에는 반드시 하나의 변수만이 올 수 있으며 오른쪽에는 여러 개의 변수, 상수 등이 올 수 있다.

나. 산술연산의 우선순위

왼쪽에서 오른쪽으로 계산해 나가는 것을 원칙으로 하며 식에 여러 연산자가 섞여 있다면 다음과 같은 우선순위로 계산한다.

괄호	지수	곱셈·나눗셈	정수 나눗셈	나머지 연산	덧셈, 뺄셈
예)	a = b+c *(d − e)− f				

다. 수학 함수를 통한 연산

산술연산을 하지 않고 특정한 결과를 얻기 위해 미리 내장된 수학 함수를 사용할 수 있다.

함수	설명
Abs	절댓값을 구한다.
Int	n보다 작은 정수를 구한다.
Fix	소수점 이하를 잘라버린 값을 구한다.
Log	자연로그값을 구한다.
Rnd	0과 1 사이의 임의 값을 발생한다.
Sgn	부호를 구한다. 음수이면 −1, 양수이면 1, 0이면 0을 반환한다.
Sqr	제곱근을 구한다.

【참고】 Int와 Fix의 차이점

▷ 공통점: 양의 실수인 경우 두 함수 모두 소수점 이하를 잘라버린 값 반환

▷ 차이점: 음의 실수인 경우

Int: 변환할 수보다 한 단계 더 작은 정수를 반환

【예】 −3.45 → −4

Fix: 소수점 이하를 잘라버림

【예】 −3.45 → −3

【실습】 난수를 발생시켜 알아맞히는 프로그램(시도횟수 기록, 안내 기록)

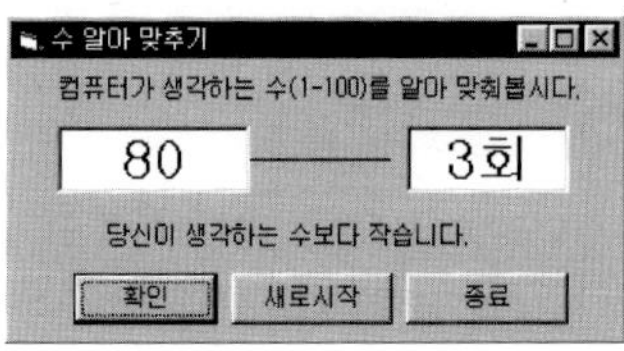

1. 전역변수 선언: Public nansu, no
▷ 코드윈도우의 [일반]에서 작성

2. 1부터 100까지의 난수 발생
   nansu = int(rnd(1)*100) + 1

Memo

문자열은 산술적인 연산이 불가능하며 '&' 기호를 사용하여 문자열을 서로 연결시킬 수 있다.

가. 문자열 연결

【예】 First$ = '내 이름은'

Second$ = '한라산입니다.'

Three$ = First$ & Second$ & '입니다'

나. 문자열 함수

함수	설명	사용 예
Instr	문자열 속에서 특정 문자열을 찾는다.	search = Instr(Strstring$, '학교')
Len	문자열의 길이를 알아낸다.	School$ = '한라중학교' Len1 = Len(School$)
Left	문자열의 왼쪽에서 지정한 개수만큼 문자를 추출한다.	School$ = '한라중학교' A$ = Left(School$,4)
Right	문자열의 오른쪽에서 지정한 개수만큼 문자를 추출한다.	B$ = Mid(School$,5,4)
Mid	문자열의 임의의 위치에서 지정한 개수만큼 문자를 추출한다.	C$ = Right(School$,2)
Cstr	숫자를 문자열의 형태로 변환한다.	tot% = 1234 Num$ = '1234'
Val	문자열의 형태를 숫자열의 형태로 변환한다.	Str$ = Cstr(tot%) a = Cint(Num$)
Ucase	문자열에 포함된 모든 소문자를 대문자로 변환한다.	School$ = 'HanLaMiddleSchool' Ustr = Ucase(School$)
Lcase	문자열에 포함된 모든 대문자를 소문자로 변환한다.	Lstr = Lcase(Schoo$)

【실습】 다음과 결과와 같이 학생발달상황을 기록하는 프로그램을 작성해
보자.

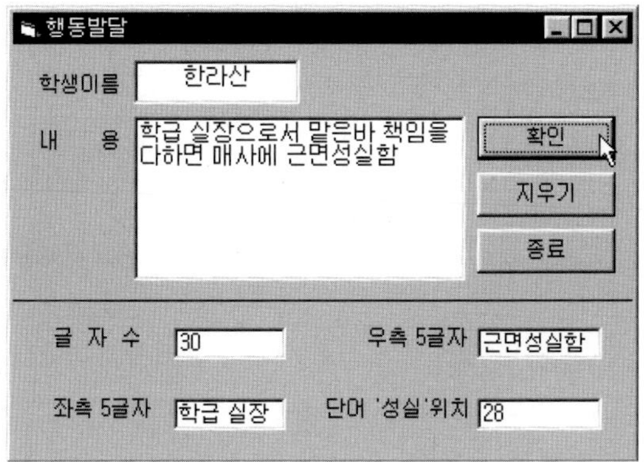

③ 연산자들의 종류와 예

산술연산자와 문자열의 다루는 부분은 앞에서 설명되었으나, 비주얼 베이
직에서는 더욱 많은 연산자들이 존재한다. 그 종류와 예는 다음과 같다.

구분	연산기호	의미	산 술 식
산술연산자	+, −, *, %	사칙 연산	A+B,A−B,A*B,A/B
	^	거듭제곱	2^4 = 16
	₩	몫	10 ₩ 3 = 3
	Mod	나머지	7 Mod 2 = 1
	&	문자 결합	'대한' & '민국'
관계연산자	〉	~가 ~보다 크다	A〉b
	=〉 혹은 〉=	~가 ~보다 크거나 같다	A〉=B, A=〉B
	〈	~가 ~보다 작다	A〈B
	〈= 혹은 =〈	~가 ~보다 작거나 같다	A〈=B, A=〈B
	=	~과 ~는 같다	A=B
	〈〉 혹은 〉〈	~과 ~는 같지 않다	A〈〉B, A〉〈B
논리연산자	Not	~가 아닌(부정)	NOT (A=30)
	And	모든 조건 만족 시 참	A〉=50 AND A〈=80
	Or	둘 중 하나라도 참이면 참	A〉=50 OR A〈=80

Memo

한글97이나 엑셀 등의 응용프로그램에서 우리가 작성한 문서를 저장하고 불러오고 편집해 봤을 것이다. 이와 같이 작성한 데이터는 파일로 저장해 놓아야 할 필요할 때마다 다시 볼 수 있는데 이러한 작업을 파일처리라 한다. 파일처리에는 크게 순차 파일처리와 임의파일처리가 있다. 이 장에서는 순차적인 파일처리에 대하여 배워 보자.

 **순차적인 파일처리**

일반 텍스트 문서를 읽어 들이거나 혹은 저장하는 것을 의미하며 윈도우용 프로그램 중 메모장은 순차적인 파일처리의 좋은 예가 될 것이다.

가. 파일모드

모드	설명	사용 예
For Input	파일을 읽기모드로 연다	Open 'sample1.txt' For Input As #1
For Output	파일을 쓰기모드로 연다 (기존 파일을 덮어쓰기)	Open 'sample1.txt' For Output As #1
For Append	파일을 쓰기모드로 연다 (기존 파일의 마지막부터 쓰기 가능한 형식)	Open 'sample1.txt' For Append As #1

※ **As #1**: 파일 핸들이라 합니다. 다른 파일과 구별하기 위한 일정의 고유번호라 할 수 있으며 임의의 값을 사용하여도 되나 다른 파일의 사용한 번호를 사용하지 않도록 주의

나. 파일 내용 읽기

명령	설명	사용 예
Line Input (문자형태)	파일에서 한 줄을 읽어 오기 (한 줄의 끝에는 줄의 끝임을 알리는 라인피드(Line Feed)와 캐리지 리턴(Carrige return) 문자가 있는데 이 문자 전까지 읽어 온다.)	**Line Input** #1, LineStr (파일에서 한 줄을 읽고 변수에 대입)
Input (문자형태)	지정한 수만큼의 데이터를 읽어 오기 (Line Feed와 Carrige return도 읽어 들일 수 있으며, 파일 전체를 읽어 올 수도 있다.)	**Open** 'sample1.txt' **For Input As** #1 FileData = **Input**(100, #1) **Close** #1 (파일에서 100개의 문자)
Input # (문자, 숫자)	한 번에 여러 데이터를 읽어 들이는 명령 (이 명령을 사용하려면 파일에 데이터가 콤마(,)와 여러 줄로 구분이 되어 있어야 한다.)	[Sample1.dat] 'Ko', '787 - 0627', 32 'Cho', '726 - 0181', 40 'Kim', '213 - 1234', 28 Dim Nam(3) As String Dim Tel(3) As String Dim Age(3) As Integer Open 'Sample1.dat' For Input As #1 For I = 1 to 3 Input #1, Nam(I), Tel(I), Age(I) Next I Close #1

다. 파일에 저장하기

파일에 내용을 쓰기 위한 명령으로는 Write 와 Print 명령을 사용한다.

명령	설명	사용 예	저장 결과
Write	문자열을 쓸 때는 자동적으로 따옴표(")로 묶어 주며 각 데이터를 콤마로 구분해서 쓰기 작업을 한다.	Nam$ = 'Han Ra San' Open 'sample1.dat' **Fot Output As** #1 **Write** #1, Nam$, 512 Close #1	'Han Ra San', 512
Print	파일을 저장할 때 여백이나 기타 효과를 주는 데 주로 사용한다.	Nam$ = 'Han Ra San' Open 'sample1.dat' **Fot Output As** #1 Print #1, 'Name = ';Spc(5); Nam$ Close #1	Name = Han Ra San

※ **Spc()**: 괄호 안의 숫자만큼 공백을 띄우는 데 사용하는 명령어 **(Tab)**

라. 파일 닫기(Close)

파일 사용이 끝났을 때, 파일을 닫아 주어야 하면 이때 사용하는 명령어

【실습】 입력한 데이터를 파일로 저장하고 필요한 데이터를 파일에서 찾아서 표시하는 프로그램을 작성해 보자.

(1) 화면디자인   (2) 객체의 이름 및 속성변경 (F4)

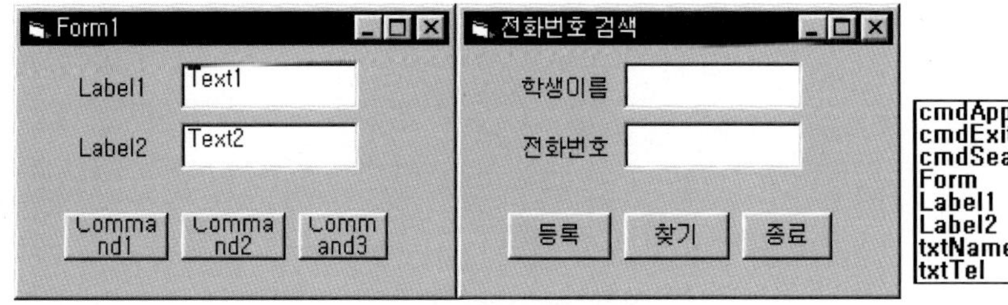

(3) 프로그램 코딩

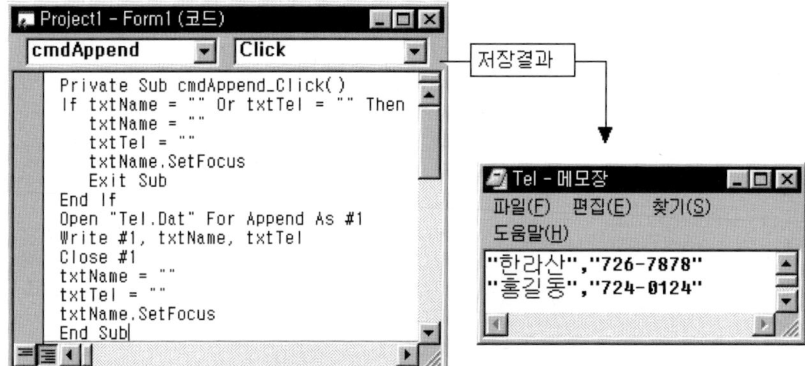

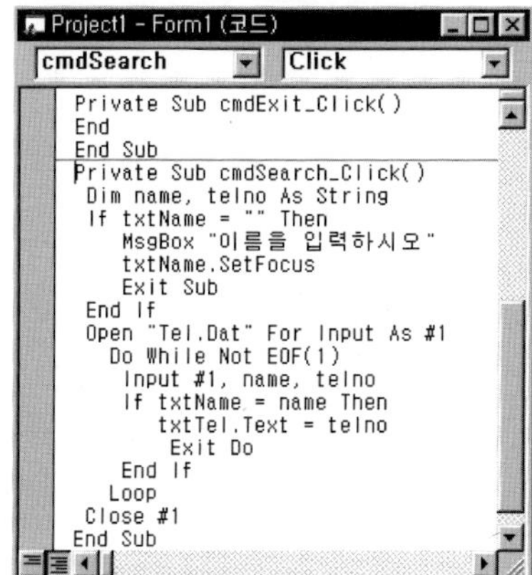

(4) 실행결과

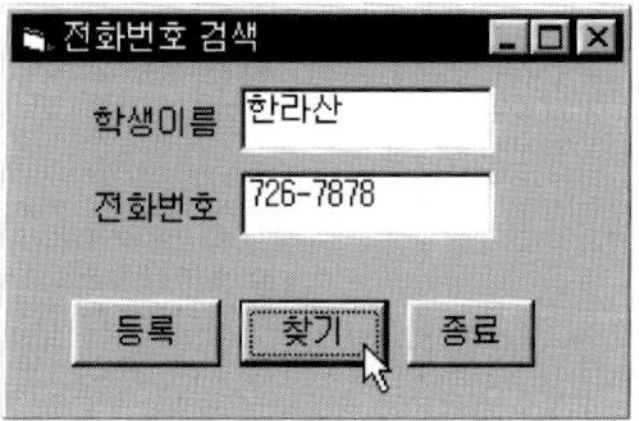

[찾기]에서 이름을 입력하지 않은 경우

【실습】 선택한 텍스트(text) 파일을 화면에 표시하고 편집할 수 있도록
하는 프로그램을 작성해 보자.

<조건>

1. <파일선택> 단추를 누르면 열기 대화상자를 표시해서 파일을 선택하
도록 한다.

2. 선택한 파일명은 텍스트상자에 표시하고 아래의 텍스트상자에는 파일
의 내용을 표시하도록 한다(수평과 수직막대 표시).

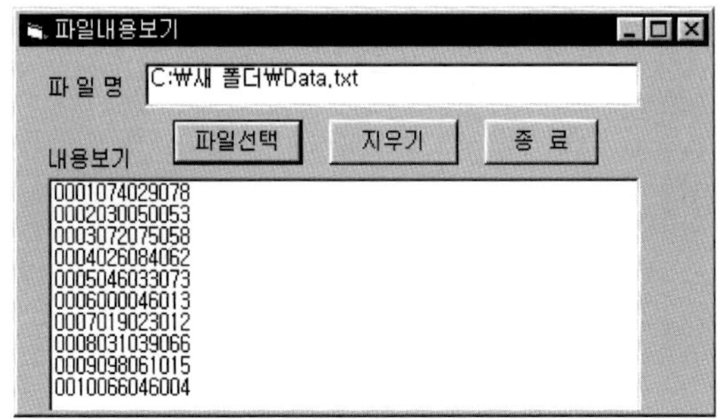

【참고】

1. 파일 열기 대화상자를 나타내려면?

2. 텍스트박스에서 여러 줄을 표시하려면 어떤 속성을 주어야 할까?

3. 줄을 바꾸려면 어떤 명령을 주어야 할까?

   [chr(13) & chr(10)]

데이터베이스 조작

❶ 데이터베이스의 조작

　Visual Basic에서는 제트엔진(Jet engin)을 사용하여 관계형 데이터베이스 관리 시스템(RDBMS)을 사용할 수 있으며 제트엔진이란 전문데이터베이스 프로그램인 MS사의 엑세스에서 사용하는 엔진을 말한다. Visual Basic에서 데이터베이스를 이용하려면 데이터컨트롤을 사용하면 쉽게 엑세스할 수 있으며, 이 장에서는 주소록관리프로그램을 통하여 데이터베이스 관리 프로그램의 기본적인 방법을 이해하는 데 중점을 두고자 한다.

❷ 레코드 구조 설계

주소록관리			
항목(field)	데이터형태	데이터길이	예
이름	text	10	한라산
전화번호	text	15	064 - 777 - 1234
주소	text	50	제주도 제주시

③ 비주얼 데이터 관리자 실행

☞ [추가기능] - [비주얼데이터관리자]

☞ [파일] -[새파일] - [MsAccess]-[Version7.0MDB]

☞ 데이터베이스의 지정 - [파일이름: 주소록] - [저장]

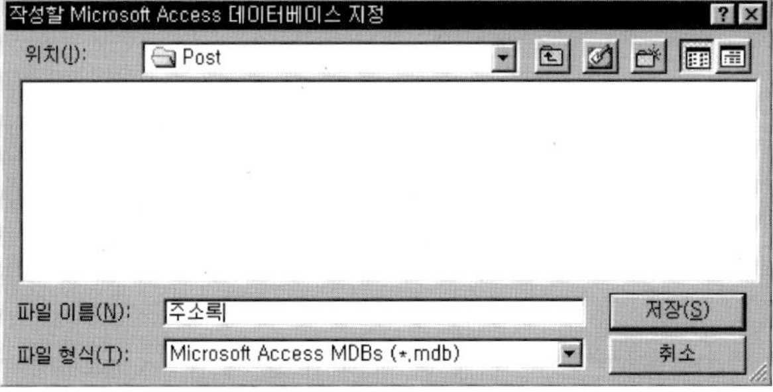

☞ 데이터베이스 창에서 [Properties]에서 [마우스_R] 버튼 클릭 - [새 테이블(T)
   클릭]- [테이블구조]에서 [필드추가] 클릭 - [이름], [형식], [크기] 입력 -
   [데이터베이스작성] 클릭

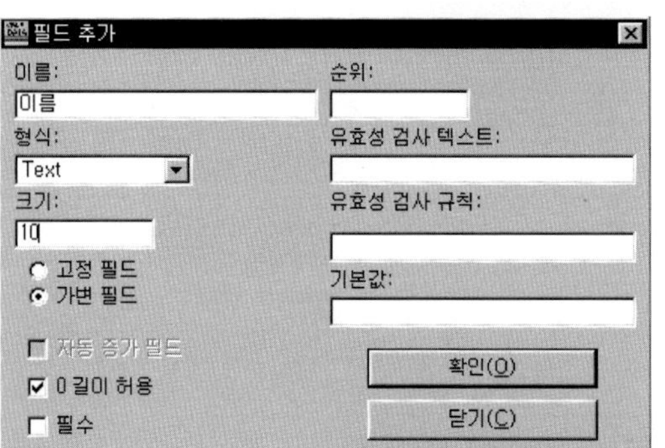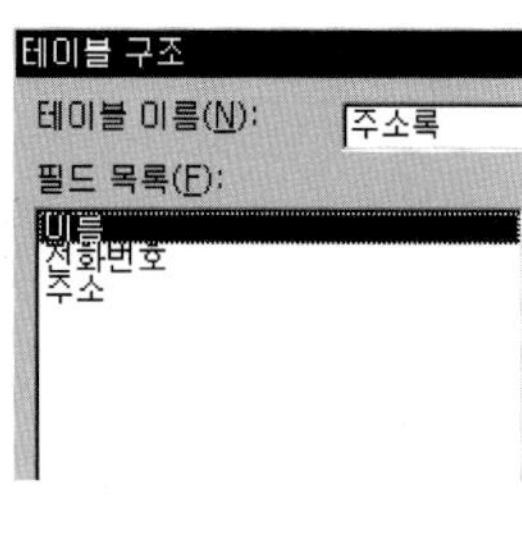

4 폼 설계

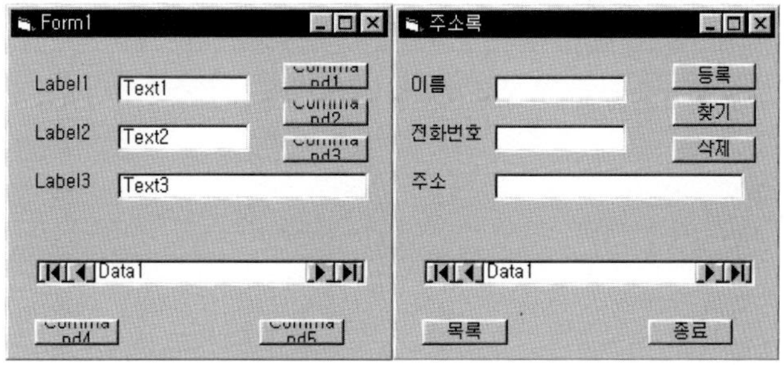

5 Data1의 속성 설정

(DataBaseName: c:\post\주소록.mdb, RecordSource: 주소록)

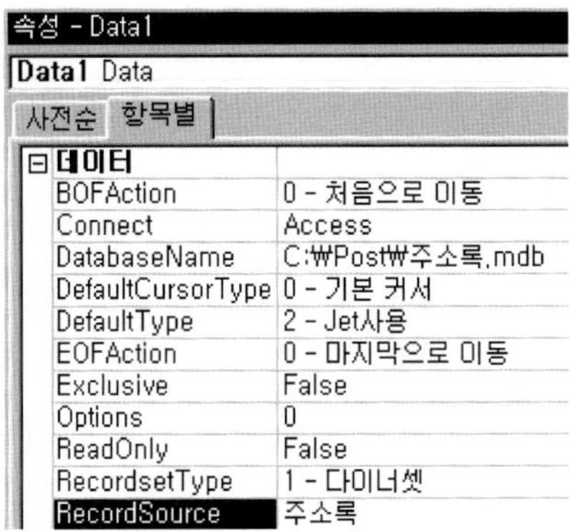

6 text 상자와 데이터베이스의 연결(바운드) 속성 지정

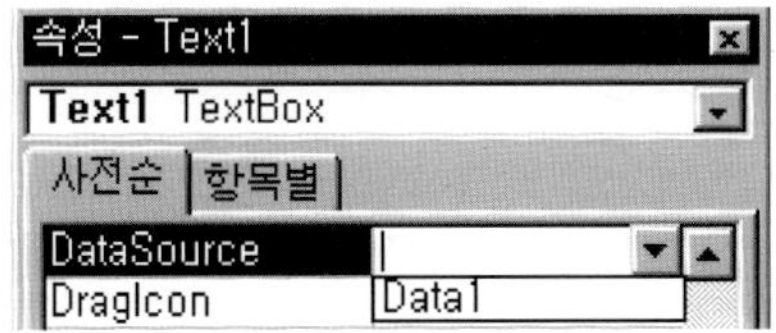

컨트롤	속성변경	
text1	DataSource: Data1	DataField: 이름
text2	DataSource: Data1	DataField: 전화번호
text3	DataSource: Data1	DataField: 주소

7 Form2 추가

☞ Microsoft Data Bound Grid 5.0 ()도구상자의 선택 및 속성 지정

▷Data1	DatabaseName	C:\Post\주소록.mdb
	RecordSource	주소록
	Visible	False
▷Dbgrid1	DataSource	Data1

Memo

8 각 컨트롤에 대한 코드작성

컨트롤	내용	코드작성

[Form1]
command1
	등록	```Private Sub Command1_Click( )```
		```Data1.Recordset.AddNew```
		```Text1.SetFocus```
		```End Sub```

command2	찾기	```Private Sub Command2_Click( )```
		```Dim searchName As String```
		``` searchName = InputBox("찾는 사람의 이름을 입력하세요!")```
		``` If searchName = "" Then```
		``` Exit Sub```
		``` End If```
		``` Data1.Recordset.FindFirst "[이름]= '" & searchName & "'"```
		``` If Data1.Recordset.NoMatch Then```
		``` MsgBox "입력한 자료가 없습니다 !", vbExclamation```
		``` End If```
		```End Sub```

command3	삭제	```Private Sub Command3_Click( )```
		```Data1.Recordset.Delete```
		```Data1.Recordset.MoveNext```
		``` If Data1.Recordset.EOF Then```
		``` If Data1.Recordset.RecordCount <> 0 Then```
		``` Data1.Recordset.MovePrevious```
		``` End If```
		``` End If```
		```End Sub```

command4	목록	```Private Sub Command4_Click( )```
		```Load Form2```
		```Form2.Show vbModal```
		```End Sub```

command5	종료	end

[Form2]
command1
	닫기	```Private Sub Command2_Click( )```
		```Load Form2```
		```Form2.Show vbModal```
		```End Sub```

Memo

설치프로그램 만들기

① 응용프로그램 설치 마법사

☞ [시작] – [프로그램] – [Microsoft Visual Basic 6.0] – [응용프로그램설치
마법사] – [Microsoft Visual Basic 6.0 도구들] – [패키지 및 배포 마법사]

☞ [프로젝트의 선택] → [패키지(P)] 클릭 – [컴파일] 클릭 –[다음(N)] 클릭

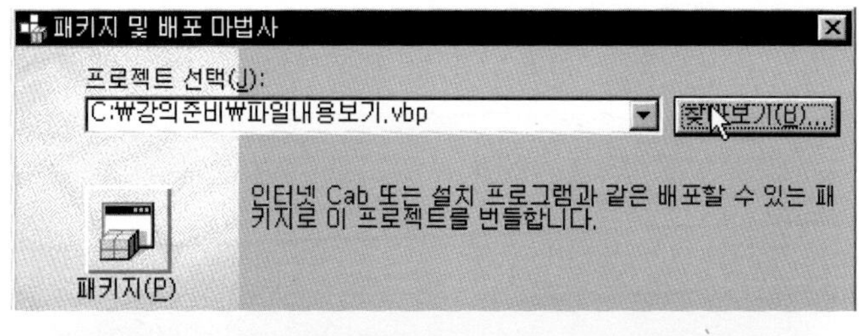

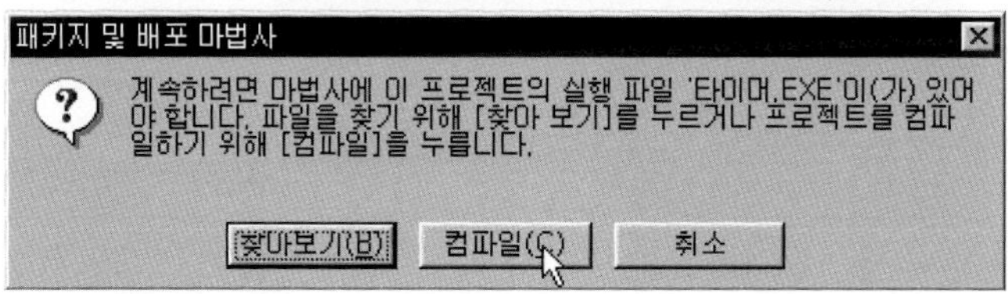

☞ [패키지 형식(P)] → [표준 설치 패키지] – [다음(N)] 클릭

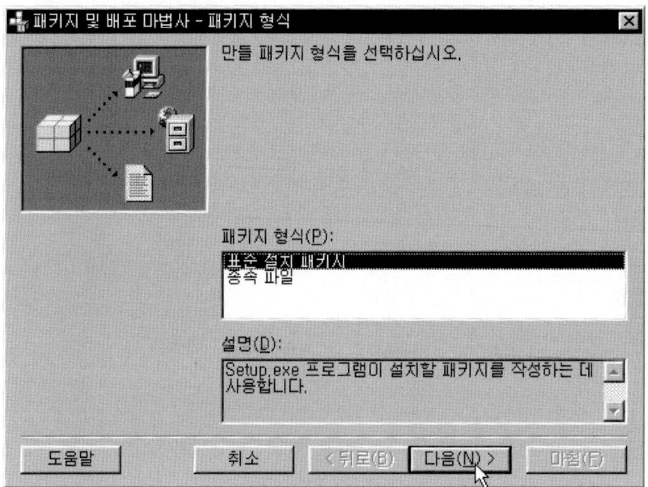

☞ [패키지 폴더(P)에서 – [새폴더(W)]클릭 – [폴더명] 입력 – '확인'– [다음
(N)] 클릭

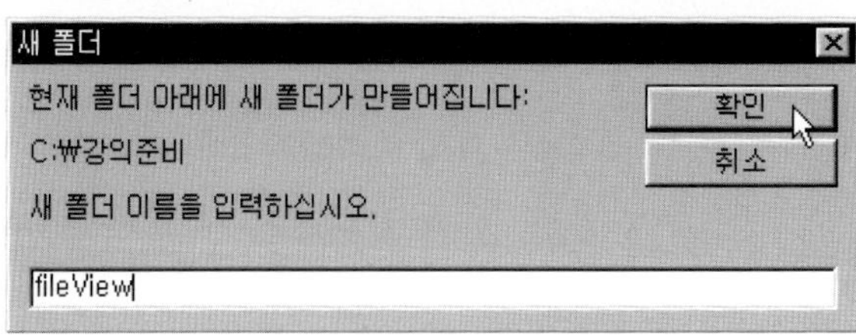

☞ [포함된 파일]에서 – [다음(N)] 클릭

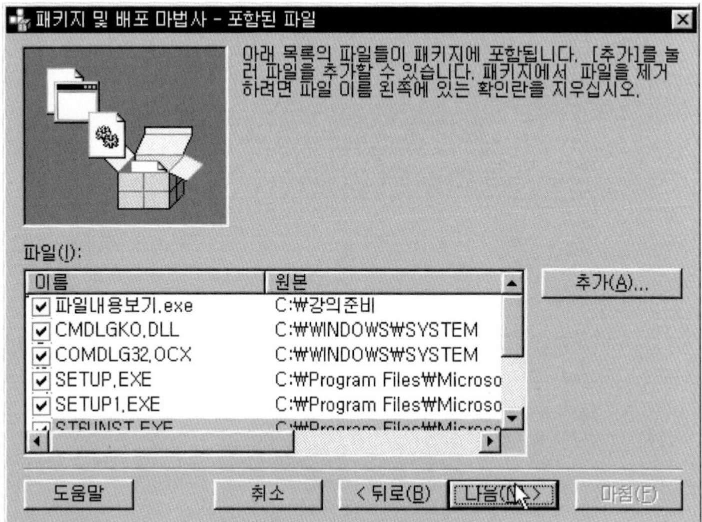

☞ [Cab옵션]에서 – [다중 Cab 파일] 선택 – [다음(N)] 클릭

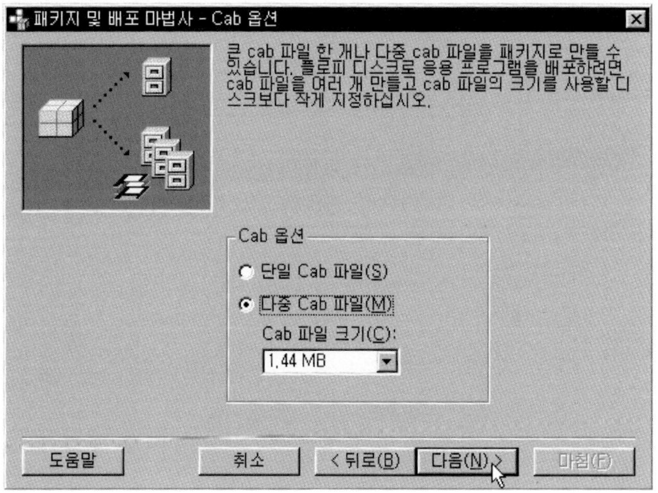

☞ [설치제목(T)]에서 설치제목을 입력하고 – [다음(N)] 클릭

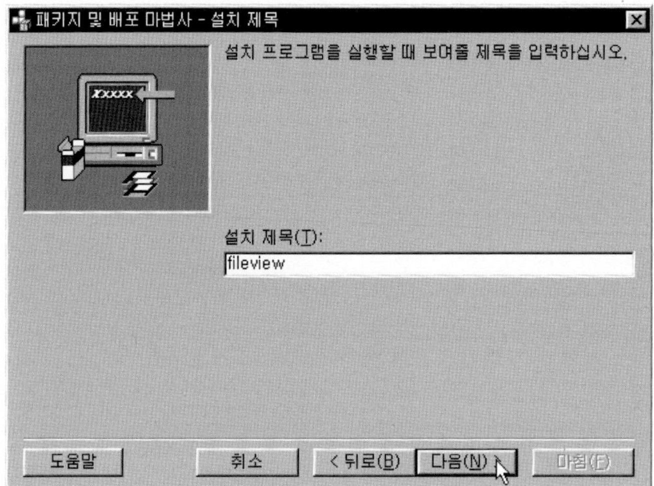

☞ [시작메뉴항목(S)]에서 [다음(N)] 클릭

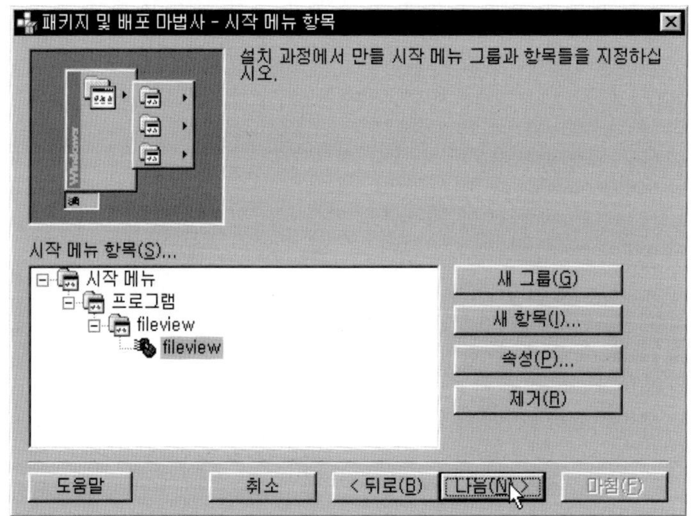

☞ [설치위치]에서 [다음(N)] 클릭

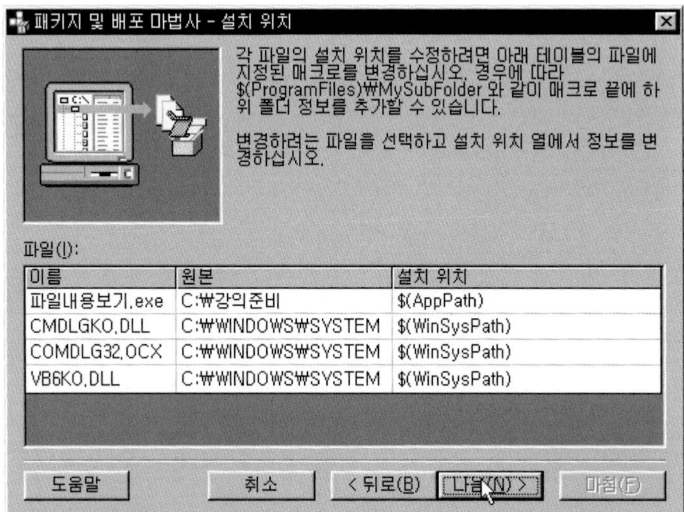

☞ [공유파일]에서 [다음(N)] 클릭

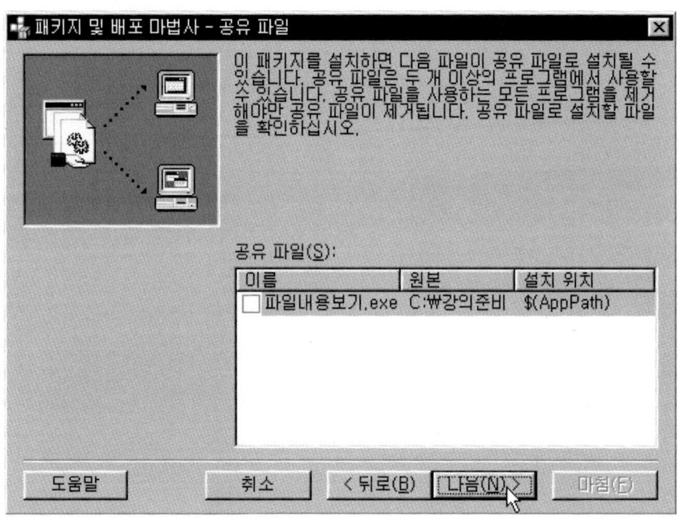

☞ [마침]에서 – [보고서 저장여부]에서 [다음(N)] – [패키지 및 배포마법사] – [다음(N)] 클릭

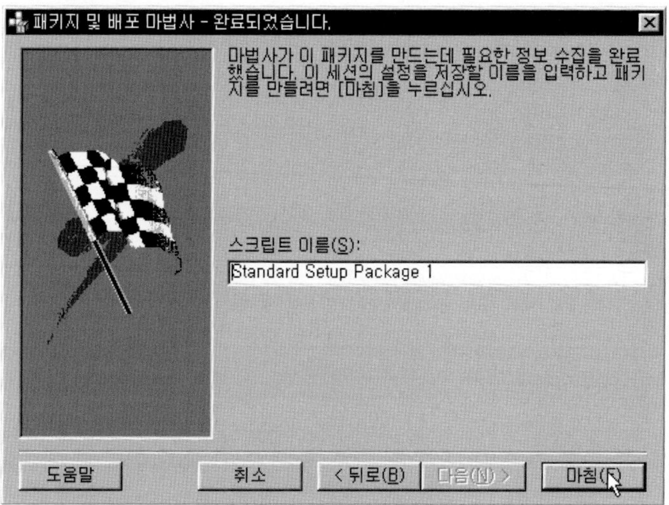

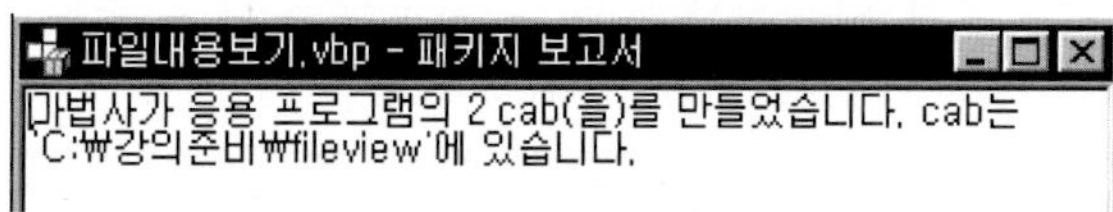

② 응용프로그램으로 설치하기

☞ 만들어진 파일 보기

☞ [setup] 프로그램 실행

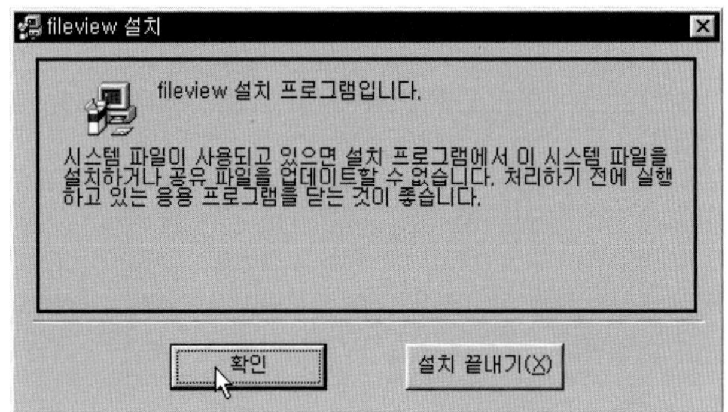

☞ [시작] 프로그램에 등록여부 확인

☞ [프로그램]의 삭제는? [제어판] – [프로그램 추가/삭제]에서 하면 가능하다.

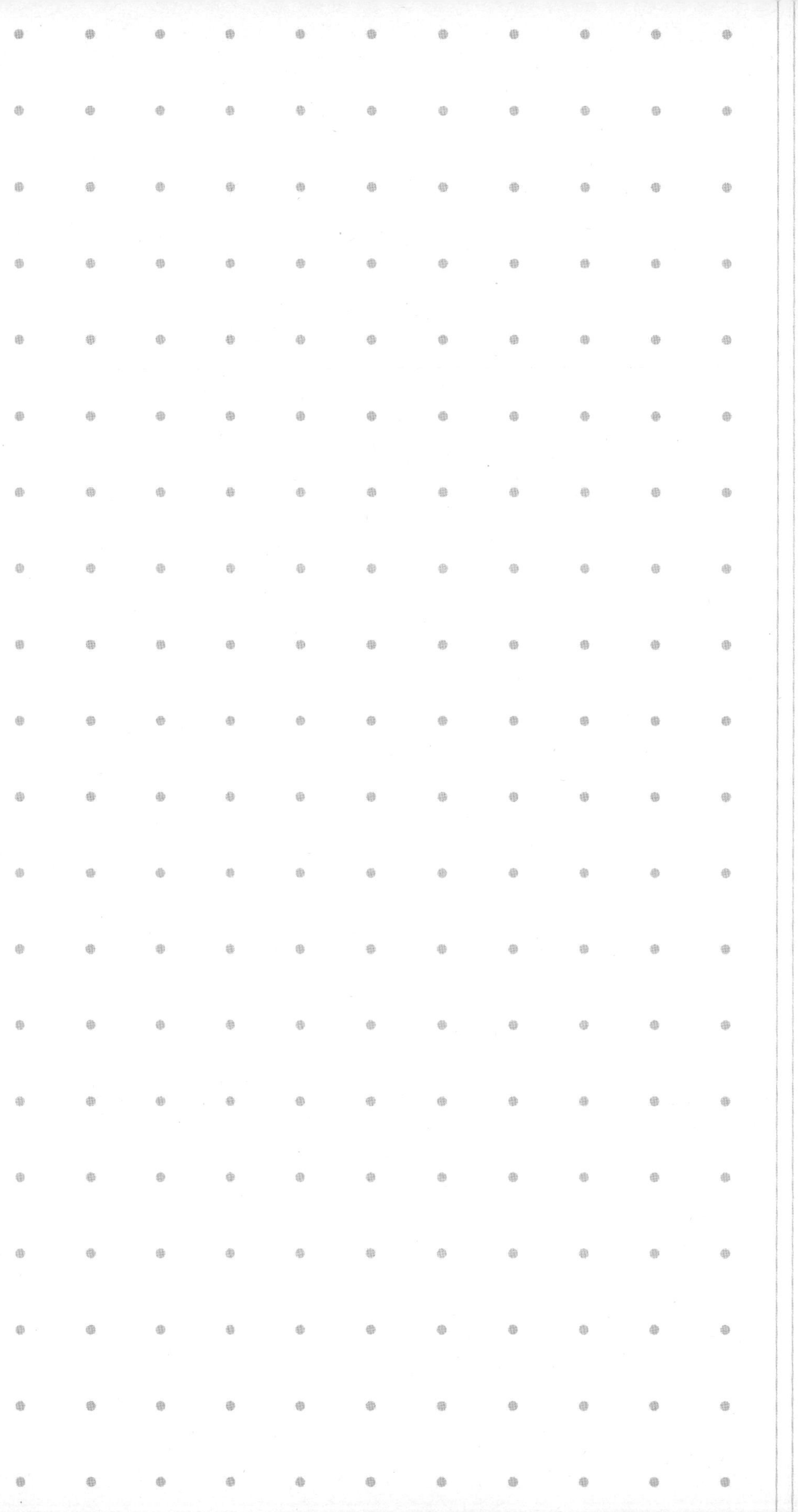

Part 2

Visual Basic의 응용

1 게임 설계하기

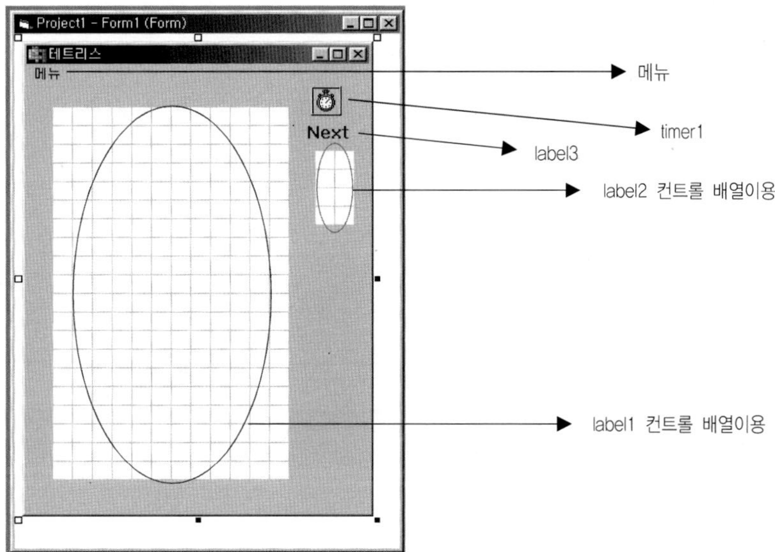

메뉴: 시작을 위해서 필요함
timer1: 지정된 시간이 되면 아래로 내려오게 하기 위한 컨트롤
enabeled = false(시작메뉴를 누르면 true로 setting)
interval = 500(내려오는 시간 간격 500/1000초 = 0.5초)
label1(0) ~ label1(239). 현재 진행 중인 상황을 보어줌
width = 250, height = 250,caption = ""
label2(0) ~ label2(7): 다음 모양을 표시
width = 250, height = 250, visible = false, caption = ""
(visible을 이용하는 이유는 조각에 해당된 부분만을 색상을 주고 0인 요소는 보이지 않도록 함으로써 깔끔한 출력을 위해서이다.)

label3 폰트: 굴림체, 굵게, fontsize = 12, caption = 'Next'

2 게임이 실행되는 모습

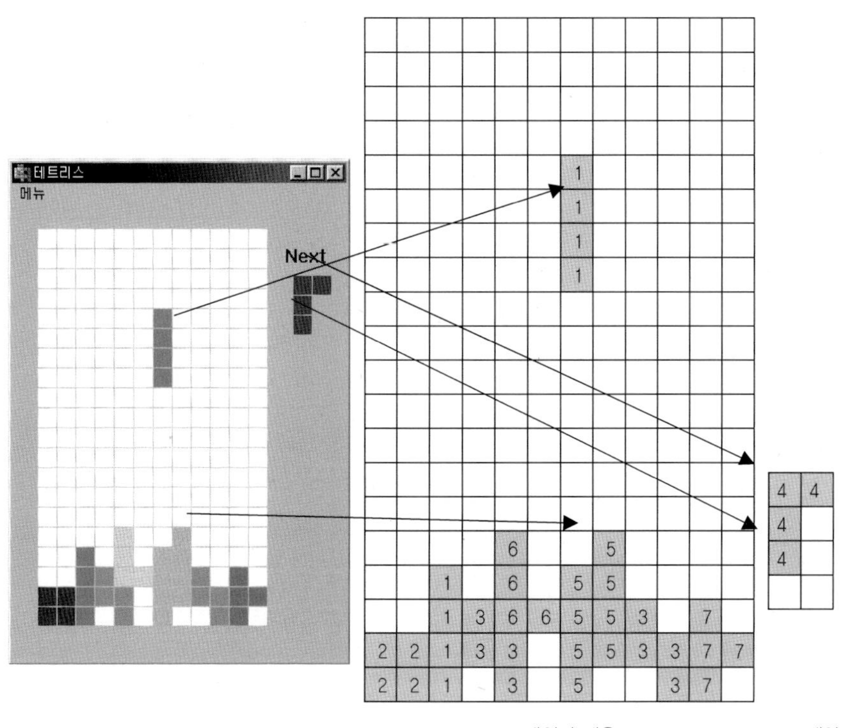

위 그림에서 a배열은 20행 12열로 구성되어 있음을 알 수 있다.

그러나 실제로는 21행 13열이 이용된다. 그 이유는 down, left, right, change할 때 check를 쉽게 하기 위해서 보초를 포함해야 하기 때문이다. 보초를 세워야 하는 이유와 방법은 다음절에서 설명하기로 한다(아래 그림에서 회색부분이 보초).

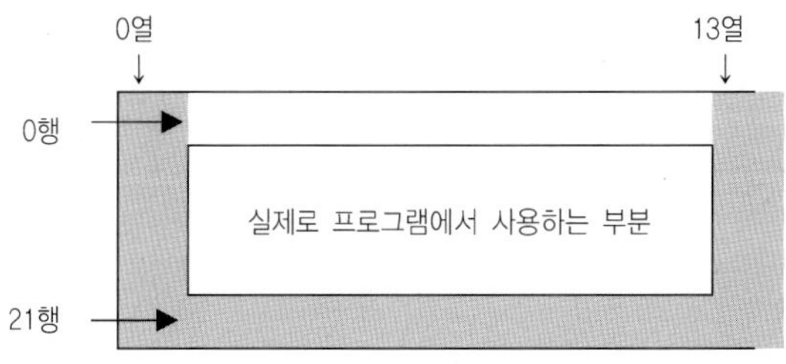

3 게임 블록을 표현하는 방법

☞ 게임에서 사용되는 블록의 종류는 7가지 모양에 4가지 방향이 존재한다.

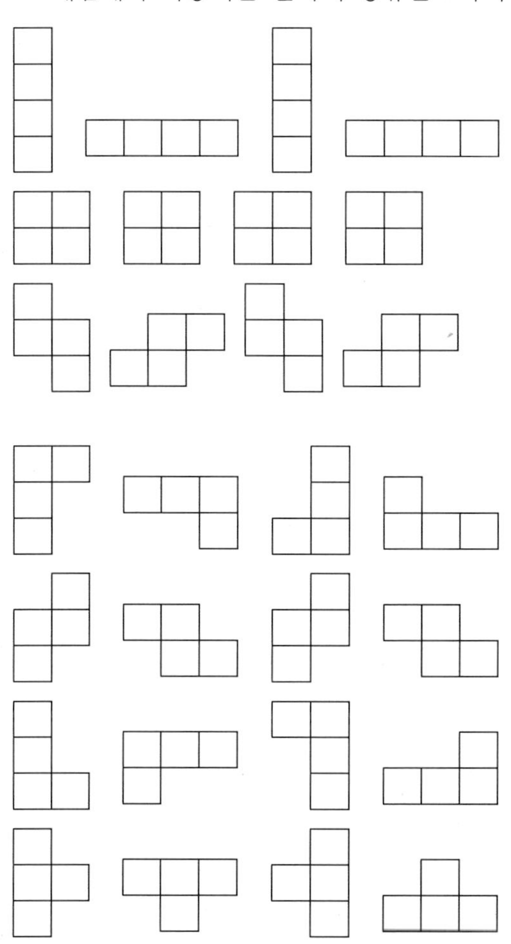

Memo

가. 7가지 모양을 컴퓨터로 어떻게 표현할까?

☞ 우선 시간이 지남에 따라 모양이 아래/왼쪽/오른쪽으로 위치가 바뀌므로 모양이 존재하는 기준위치를 잡는다.

		기준위치 (1행3열)		
0	0	1	0	0
0	0	1	0	0
0	0	1	0	0
0	0	1	0	0
0	0	0	0	0

① 1행3열
② 2행3열
③ 3행3열
④ 4행3열

모양번호: 1

배열이 5행5열인 경우

1행3열	→(1 + 0)행(3 + 0)열	→(기준행 + 0)행(기준열 + 0)열	→0 0	0 | 0
2행3열	→(1 + 1)행(3 + 0)열	→(기준행 + 1)행(기준열 + 0)열	→1 0	1 | 0
3행3열	→(1 + 2)행(3 + 0)열	→(기준행 + 2)행(기준열 + 0)열	→2 0	2 | 0
4행3열	→(1 + 3)행(3 + 0)열	→(기준행 + 3)행(기준열 + 0)열	→3 0	3 | 0

		기준위치 (1행3열)		
0	0	2	2	0
0	0	2	2	0
0	0	0	0	0
0	0	0	0	0
0	0	0	0	0

① 1행3열
② 1행4열
③ 2행3열
④ 2행4열

모양번호: 2

배열이 5행5열인 경우

1행3열	→(1 + 0)행(3 + 0)열	→(기준행 + 0)행(기준열 + 0)열	→0 0	0 | 0
1행4열	→(1 + 0)행(3 + 1)열	→(기준행 + 0)행(기준열 + 1)열	→0 1	0 | 1
2행3열	→(1 + 1)행(3 + 0)열	→(기준행 + 1)행(기준열 + 0)열	→1 0	1 | 0
2행4열	→(1 + 1)행(3 + 1)열	→(기준행 + 1)행(기준열 + 1)열	→1 1	1 | 1

기준위치
(1행3열)

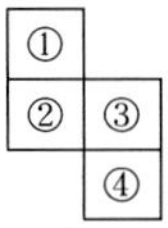

0	0	3	0	0
0	0	3	3	0
0	0	0	3	0
0	0	0	0	0
0	0	0	0	0

배열이 5행5열인 경우

① 1행3열
② 2행3열
③ 2행4열
④ 3행4열

모양번호: 3

1행3열	→(1 + 0)행(3 + 0)열	→(기준행 + 0)행(기준열 + 0)열	→0 0		0	0
1행4열	→(1 + 1)행(3 + 0)열	→(기준행 + 1)행(기준열 + 0)열	→1 0		1	0
2행3열	→(1 + 1)행(3 + 1)열	→(기준행 + 1)행(기준열 + 1)열	→1 1		1	1
2행4열	→(1 + 2)행(3 + 1)열	→(기준행 + 2)행(기준열 + 1)열	→2 1		2	1

기준위치
(1행3열)

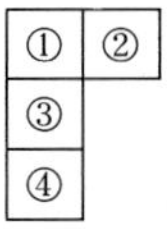

0	0	4	4	0
0	0	4	0	0
0	0	4	0	0
0	0	0	0	0
0	0	0	0	0

배열이 5행5열인 경우

① 1행3열
② 1행4열
③ 2행3열
④ 3행3열

모양번호: 4

1행3열	→(1 + 0)행(3 + 0)열	→(기준행 + 0)행(기준열 + 0)열	→0 0		0	0
1행4열	→(1 + 0)행(3 + 1)열	→(기준행 + 0)행(기준열 + 1)열	→0 1		0	1
2행3열	→(1 + 1)행(3 + 0)열	→(기준행 + 1)행(기준열 + 0)열	→1 0		1	0
2행4열	→(1 + 2)행(3 + 0)열	→(기준행 + 2)행(기준열 + 0)열	→2 0		2	0

기준위치
(1행3열)

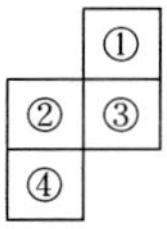

0	0	0	5	0
0	0	5	5	0
0	0	5	0	0
0	0	0	0	0
0	0	0	0	0

배열이 5행5열인 경우

① 1행4열
② 2행3열
③ 2행4열
④ 3행3열

모양번호: 5

1행3열	→(1 + 0)행(3 + 1)열	→(기준행 + 0)행(기준열 + 1)열	→0 1		0	1
1행4열	→(1 + 1)행(3 + 0)열	→(기준행 + 1)행(기준열 + 0)열	→1 0		1	0
2행3열	→(1 + 1)행(3 + 1)열	→(기준행 + 1)행(기준열 + 1)열	→1 0		1	1
2행4열	→(1 + 2)행(3 + 0)열	→(기준행 + 2)행(기준열 + 0)열	→2 0		2	0

기준위치
(1행3열)

0	0	6	0	0
0	0	6	0	0
0	0	6	6	0
0	0	0	0	0
0	0	0	0	0

① 1행3열
② 2행3열
③ 3행3열
④ 3행4열

모양번호: 6

배열이 5행5열인 경우

1행3열	→(1＋0)행(3＋0)열	→(기준행＋0)행(기준열＋0)열	→0 0	0	0
1행4열	→(1＋1)행(3＋0)열	→(기준행＋1)행(기준열＋0)열	→1 0	1	0
2행3열	→(1＋2)행(3＋0)열	→(기준행＋2)행(기준열＋0)열	→2 0	2	0
2행4열	→(1＋2)행(3＋1)열	→(기준행＋2)행(기준열＋1)열	→2 1	2	1

기준위치
(1행3열)

0	0	7	0	0
0	0	7	7	0
0	0	7	0	0
0	0	0	0	0
0	0	0	0	0

① 1행3열
② 2행3열
③ 2행4열
④ 3행3열

모양번호: 7

배열이 5행5열인 경우

1행3열	→(1＋0)행(3＋0)열	→(기준행＋0)행(기준열＋0)열	→0 0	0	0
1행4열	→(1＋1)행(3＋0)열	→(기준행＋1)행(기준열＋0)열	→1 0	1	0
2행3열	→(1＋1)행(3＋1)열	→(기준행＋1)행(기준열＋1)열	→1 1	1	1
2행4열	→(1＋2)행(3＋0)열	→(기준행＋2)행(기준열＋0)열	→2 0	2	0

Memo

나. 모양에 대한 정보를 텍스트 파일로 저장하자(Shape.txt).

'shape.txt'의 내용
0,0,1,0,2,0,3,0 1번 모양 1번 방향의 4개 조각
0,0,0,1,0,2,0,3 1번 모양 2번 방향의 4개 조각
0,0,1,0,2,0,3,0 1번 모양 3번 방향의 4개 조각
0,0,0,1,0,2,0,3 1번 모양 4번 방향의 4개 조각
0,0,1,0,0,1,1,1 2번 모양 1번 방향의 4개 조각
0,0,1,0,0,1,1,1 2번 모양 2번 방향의 4개 조각
0,0,1,0,0,1,1,1 2번 모양 3번 방향의 4개 조각
0,0,1,0,0,1,1,1 2번 모양 4번 방향의 4개 조각
0,0,1,0,1,1,2,1 3번 모양 1번 방향의 4개 조각
1,0,0,1,1,1,0,2 3번 모양 2번 방향의 4개 조각
0,0,1,0,1,1,2,1 3번 모양 3번 방향의 4개 조각
1,0,0,1,1,1,0,2 3번 모양 4번 방향의 4개 조각
0,0,1,0,2,0,0,1 4번 모양 1번 방향의 4개 조각
0,0,0,1,0,2,1,2 4번 모양 2번 방향의 4개 조각
2,0,0,1,1,1,2,1 4번 모양 3번 방향의 4개 조각
0,0,1,0,1,1,1,2 4번 모양 4번 방향의 4개 조각
1,0,2,0,0,1,1,1 5번 모양 1번 방향의 4개 조각
0,0,0,1,1,1,1,2 5번 모양 2번 방향의 4개 조각
1,0,2,0,0,1,1,1 5번 모양 3번 방향의 4개 조각
0,0,0,1,1,1,1,2 5번 모양 4번 방향의 4개 조각
0,0,1,0,2,0,2,1 6번 모양 1번 방향의 4개 조각
0,0,1,0,0,1,0,2 6번 모양 2번 방향의 4개 조각
0,0,0,1,1,1,2,1 6번 모양 3번 방향의 4개 조각
1,0,1,1,0,2,1,2 6번 모양 4번 방향의 4개 조각
0,0,1,0,2,0,1,1 7번 모양 1번 방향의 4개 조각
0,0,0,1,0,2,1,1 7번 모양 2번 방향의 4개 조각
1,0,0,1,1,1,2,1 7번 모양 3번 방향의 4개 조각
0,1,1,0,1,1,1,2 7번 모양 4번 방향의 4개 조각

Memo

다. 모양 t( ) 배열에 기억하기

```
Dim t(7, 4, 4, 2) as integer
```

기본모양은 7가지 (7)

모양별 방향 4가지 (4)

4개의 조각으로 이루어짐 (4)

기준행+간격, 기준열+간격 (2)

```
open app.path 'Wshape.txt' for input as #1
for i=1 to 7
    for j=1 to 4
        for k=1 to 4
            for L=1 to 2
                input #1,t(i, j, k, L)
            next
        next
    next
next
close #1
```

Memo

4 아래, 왼쪽, 오른쪽, 방향 바꾸기로 전환하기 위한 Check 원리

7가지 모양마다 아래로 이동가능여부를 판단해야 하는 위치가 모두 다르다. 다음 그림은 각 모양마다 아래에 빈 공간이 있는지를 확인해야 하는 곳(x 표시)을 나타낸다.

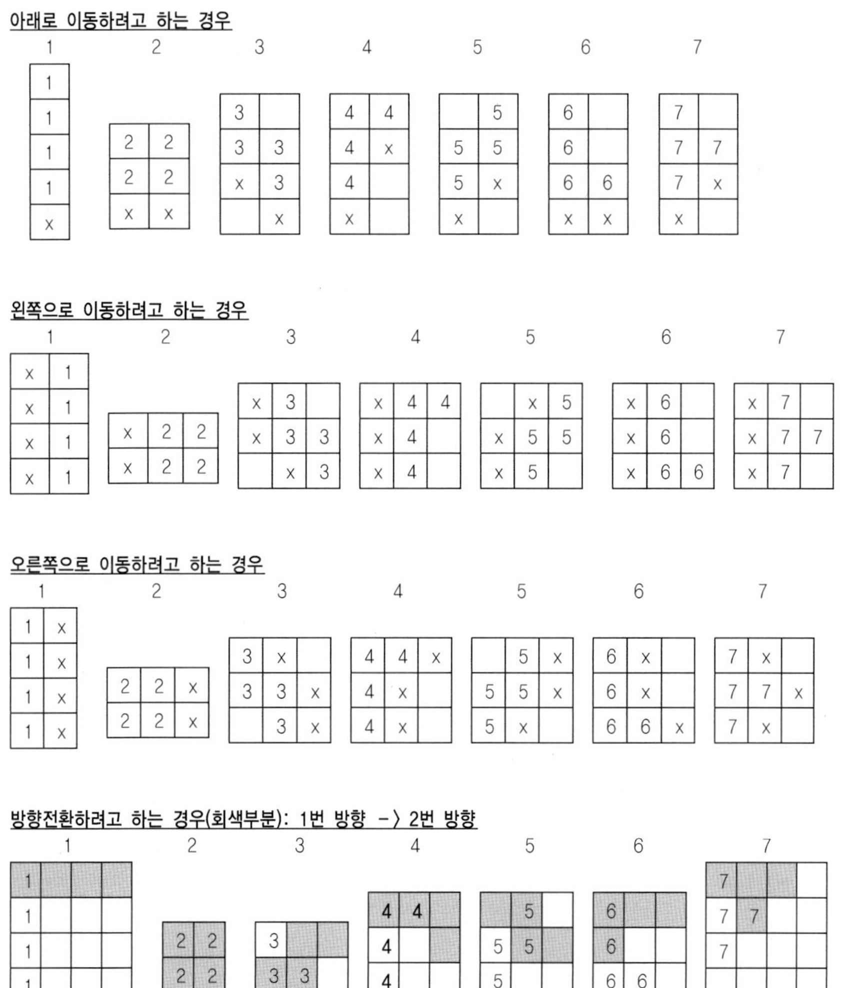

그렇다면 어떻게 처리하면 위의 모든 경우를 check할 수 있을까?

다음 그림을 보자(회색부분 = 다음 모양)

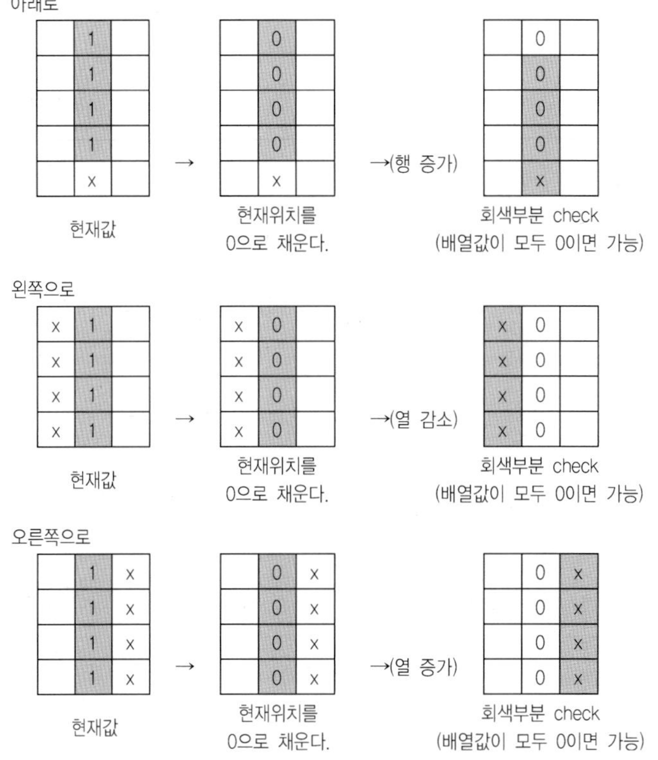

위의 방법으로 처리한다면 공통(표준)된 형태로 처리 가능하다는 것을 알 수 있다.

즉 아래(행 증가), 왼쪽으로(열 감소), 오른쪽으로(열 증가)와 같이 행/열만을 변화시키고 4군데를 check하면 어떤 모양, 어떤 위치로든 이동할 수 있을지 여부를 쉽게 판단할 수 있다.

Memo

5 모양이 채워진 줄을 제거하는 원리(예: 6행6열)

1. 먼저 특정한 한 줄이 모양으로 가득 채워졌는가를 판단한다.

2. 제거해야 할 줄이라면 현재 행부터 1행까지 현재위치에 바로 위 값(행 감소)을 기억한다.

3. 변경된 내용을 적용한다(call disp).

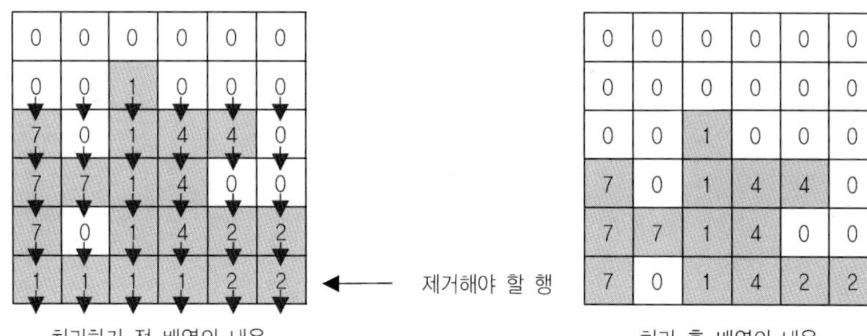

처리하기 전 배열의 내용   ← 제거해야 할 행   처리 후 배열의 내용

6 보초를 사용하는 이유

만약 모양이 아래로 내려오다가 더 이상 내려갈 수 없는 상황은 두 가지 이다.

1. 바닥에 닿을 경우 → 현재 모양이 위치한 행이 마지막 행(20행)에 있는가?

2. 내려가려고 하는 위치에 다른 모양이 이미 존재할 때

→ 위에서 설명한 Check 방법 이용

여기서 보는 것과 같이 두 가지 상황판단이 각각 다르다. 그렇다면 두 가지 상황을 한 가지 상황으로 통합할 수 있다면?

바로 여기에 보초가 필요하다.

즉 바닥 바로 다음 행 (21)행에 0이 아닌 값을 기억해 두고 2번 방법을 택하면 1, 2번 상황이 모두 해결된다.

다시 말해서 화면에는 나타나지 않지만 20행 하단에 이미 모양이 쌓여 있는 것으로 처리한다고 이해하면 된다.

왼쪽 이동과 오른쪽 이동도 같은 원리이다.

> ※ 보초: 특정한 값과의 비교를 통하여 영역을 벗어났음을 판단하는 것이 아니라 경계위치에 보초값을 기억하고 현재값이 보초값과 같다면 영역을 벗어났다고 판단하는 방법(군부대의 영역을 지키는 보초병)

⑦ 플로우 차트

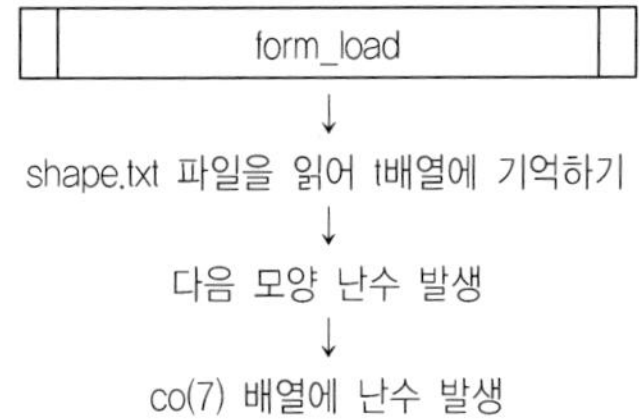

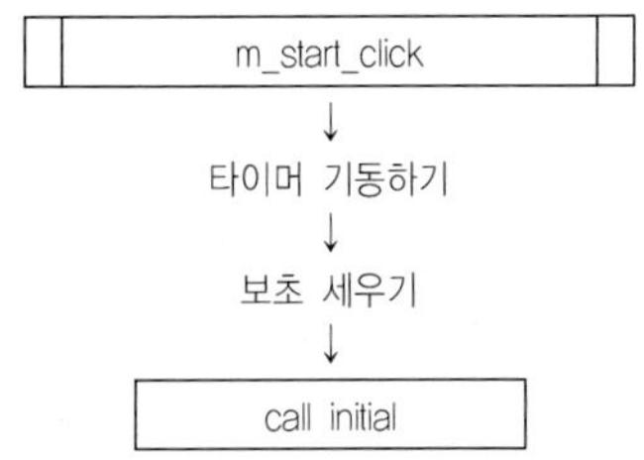

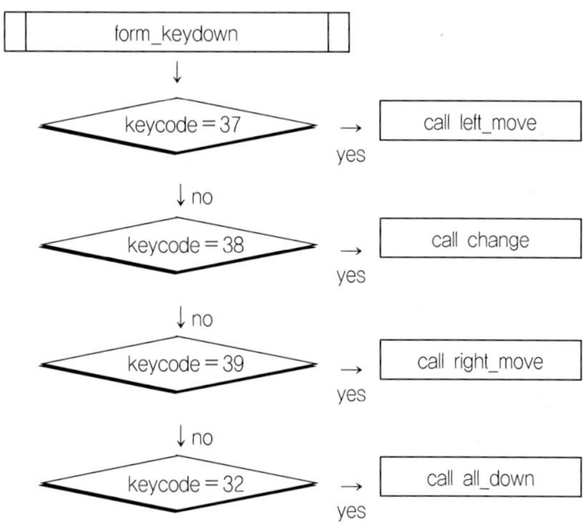

form_keydown
keycode = 37
call left_move
yes
no
keycode = 38
call change
yes
no
keycode = 39
call right_move
yes
no
keycode = 32
call all_down
yes

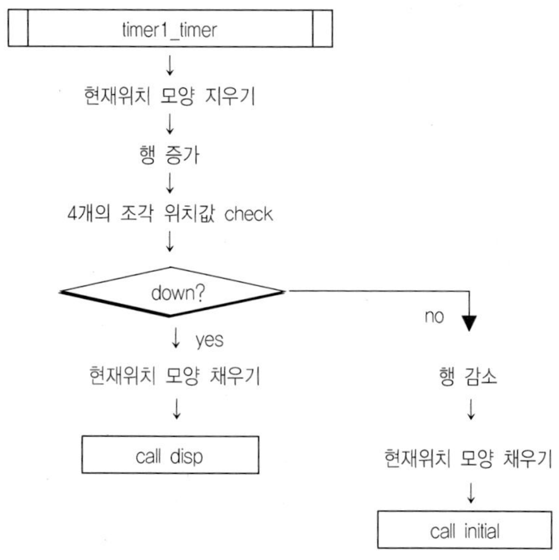

timer1_timer
현재위치 모양 지우기
행 증가
4개의 조각 위치값 check
down?
no
yes
현재위치 모양 채우기
행 감소
call disp
현재위치 모양 채우기
call initial

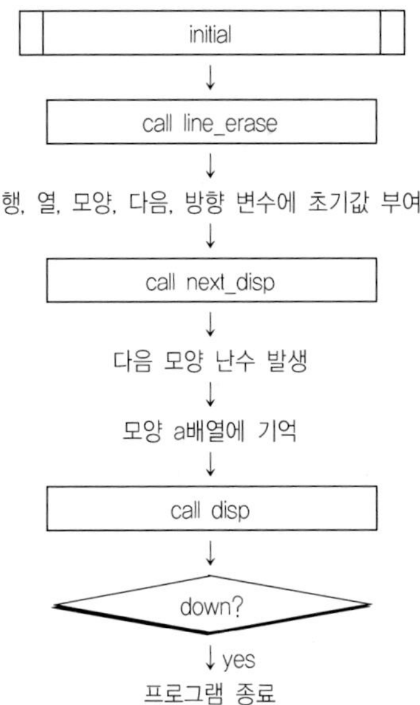

initial
call line_erase
행, 열, 모양, 다음, 방향 변수에 초기값 부여
call next_disp
다음 모양 난수 발생
모양 a배열에 기억
call disp
down?
↓ yes
프로그램 종료

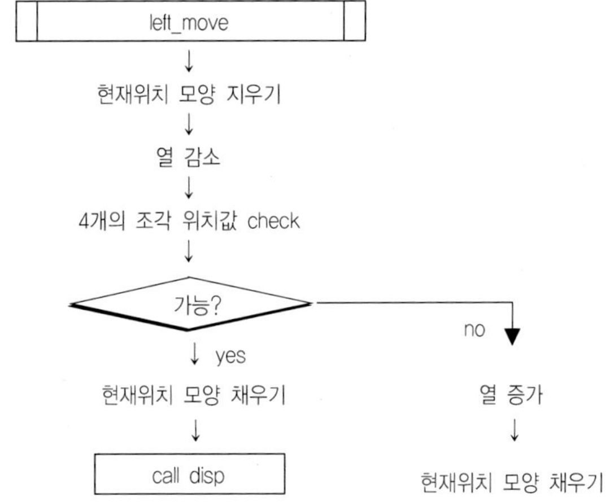

left_move
현재위치 모양 지우기
열 감소
4개의 조각 위치값 check
가능?
↓ yes
no
현재위치 모양 채우기
열 증가
call disp
현재위치 모양 채우기

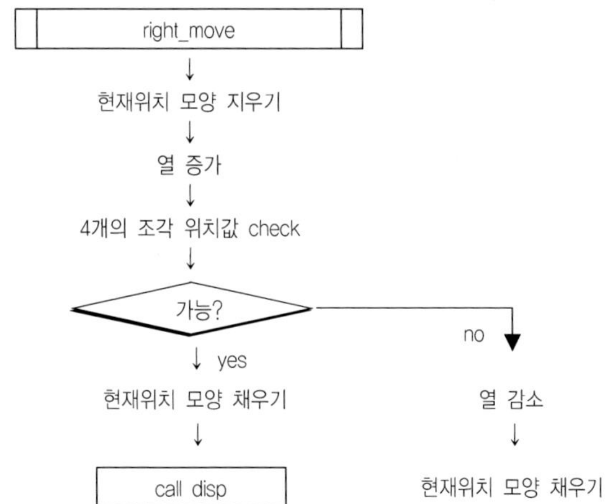
right_move
현재위치 모양 지우기
열 증가
4개의 조각 위치값 check
가능?
yes
no
현재위치 모양 채우기
call disp
열 감소
현재위치 모양 채우기

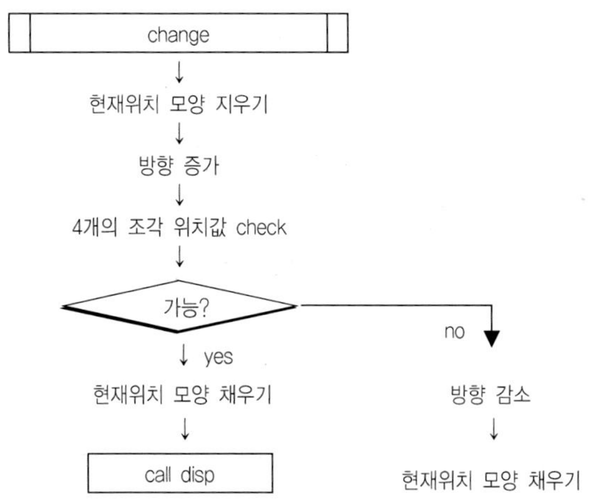
change
현재위치 모양 지우기
방향 증가
4개의 조각 위치값 check
가능?
yes
no
현재위치 모양 채우기
call disp
방향 감소
현재위치 모양 채우기

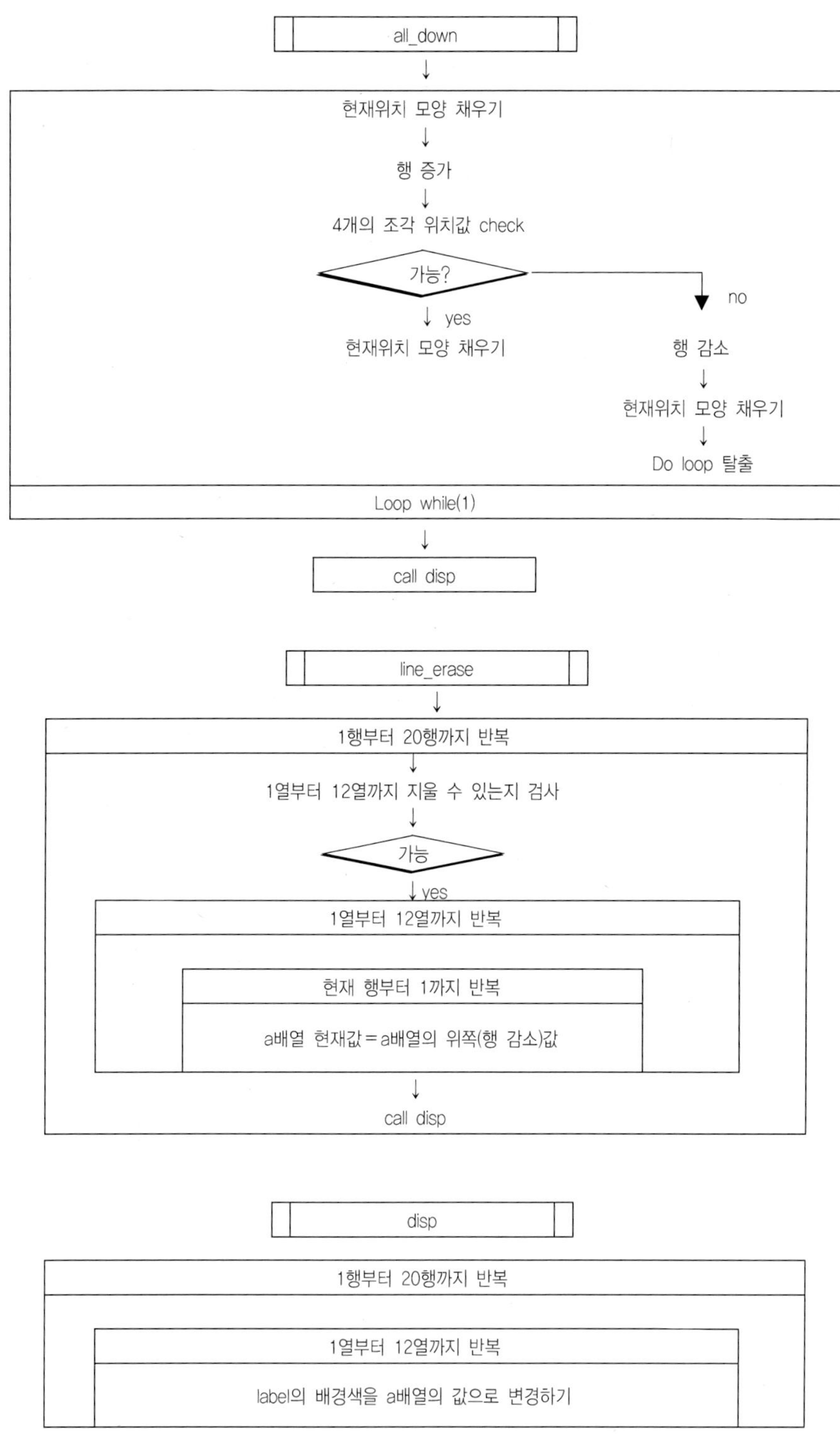
all_down
현재위치 모양 채우기
행 증가
4개의 조각 위치값 check
가능?
yes
현재위치 모양 채우기
no
행 감소
현재위치 모양 채우기
Do loop 탈출
Loop while(1)
call disp
line_erase
1행부터 20행까지 반복
1열부터 12열까지 지울 수 있는지 검사
가능
yes
1열부터 12열까지 반복
현재 행부터 1까지 반복
a배열 현재값 = a배열의 위쪽(행 감소)값
call disp
disp
1행부터 20행까지 반복
1열부터 12열까지 반복
label의 배경색을 a배열의 값으로 변경하기

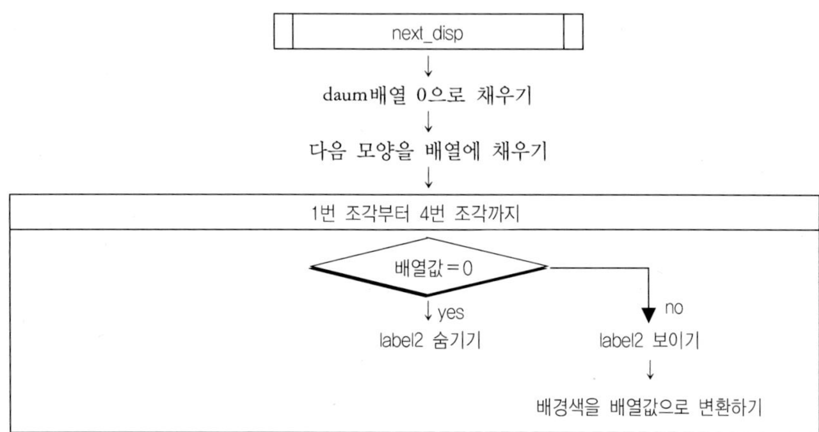

next_disp
daum배열 0으로 채우기
다음 모양을 배열에 채우기
1번 조각부터 4번 조각까지
배열값＝0
yes
label2 숨기기
no
label2 보이기
배경색을 배열값으로 변환하기

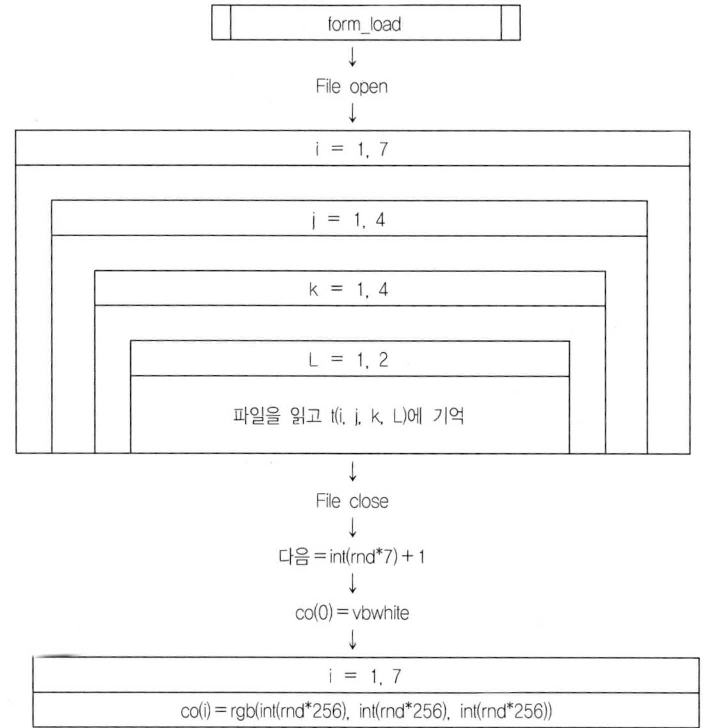

form_load
File open
i = 1, 7
j = 1, 4
k = 1, 4
L = 1, 2
파일을 읽고 t(i, j, k, L)에 기억
File close
다음＝int(rnd*7)＋1
co(0)＝vbwhite
i = 1, 7
co(i)＝rgb(int(rnd*256), int(rnd*256), int(rnd*256))

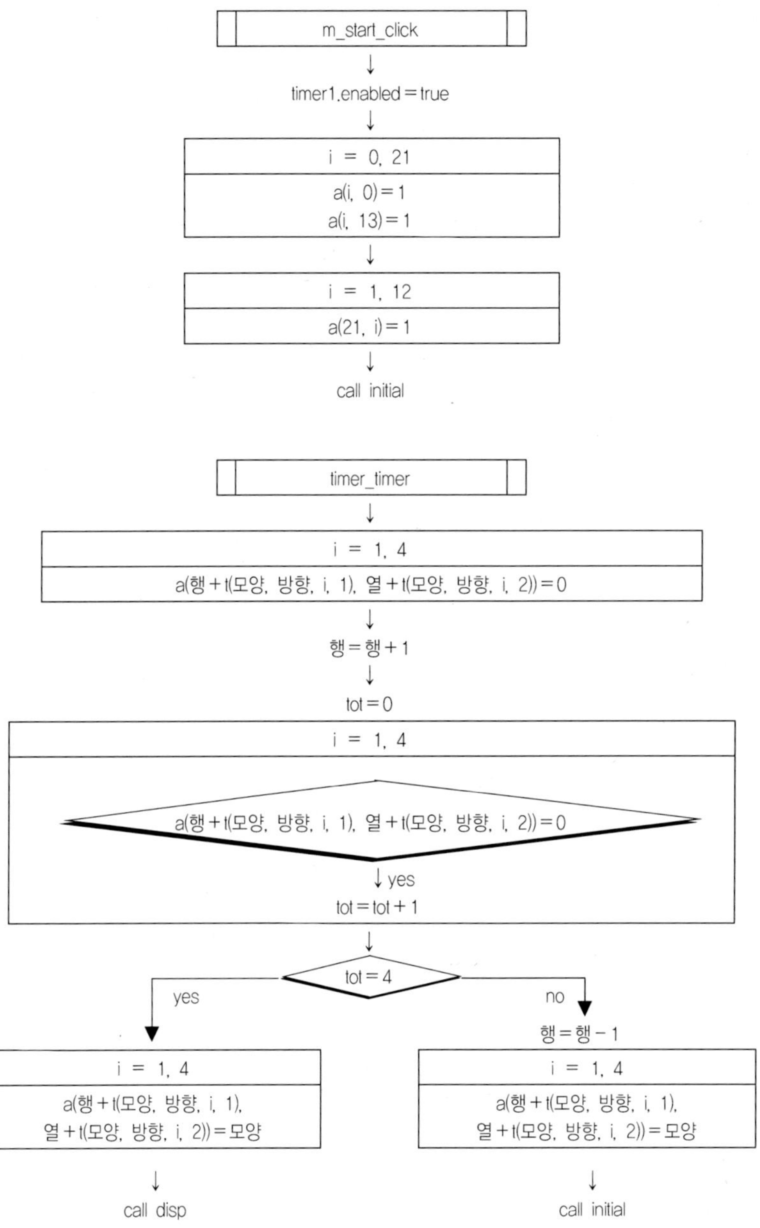
m_start_click
timer1.enabled = true
i = 0, 21
a(i, 0) = 1
a(i, 13) = 1
i = 1, 12
a(21, i) = 1
call initial
timer_timer
i = 1, 4
a(행 + t(모양, 방향, i, 1), 열 + t(모양, 방향, i, 2)) = 0
행 = 행 + 1
tot = 0
i = 1, 4
a(행 + t(모양, 방향, i, 1), 열 + t(모양, 방향, i, 2)) = 0
yes
tot = tot + 1
tot = 4
yes
no
행 = 행 - 1
i = 1, 4
a(행 + t(모양, 방향, i, 1),
열 + t(모양, 방향, i, 2)) = 모양
call disp
i = 1, 4
a(행 + t(모양, 방향, i, 1),
열 + t(모양, 방향, i, 2)) = 모양
call initial

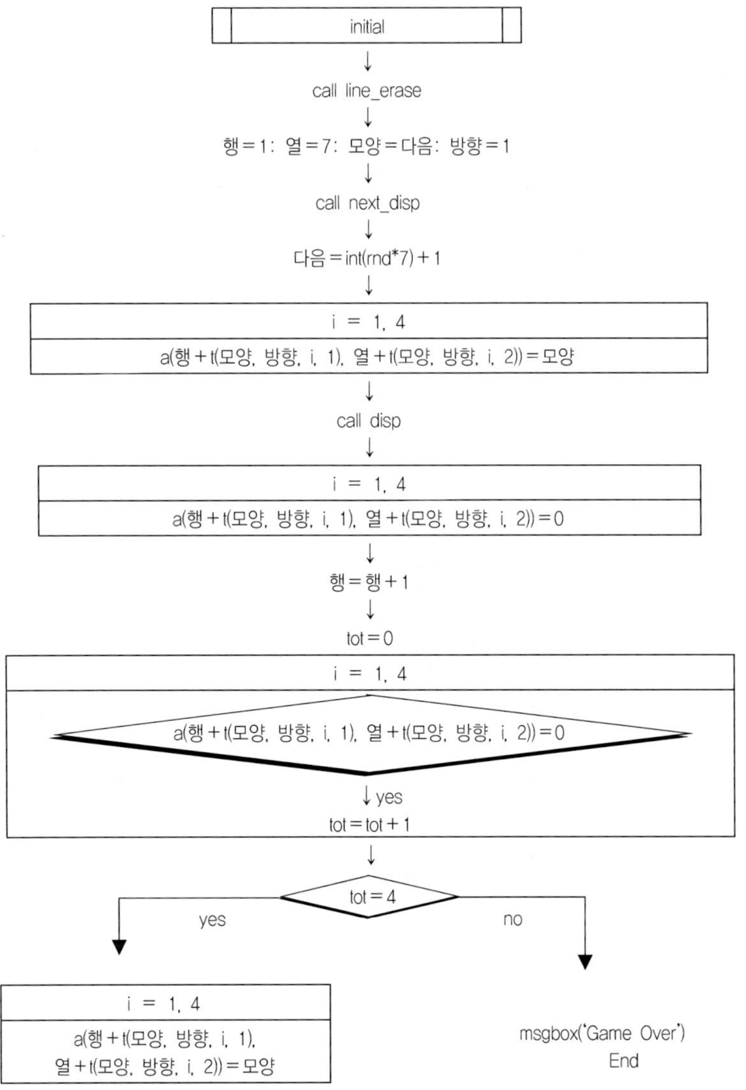

initial
call line_erase
행＝1: 열＝7: 모양＝다음: 방향＝1
call next_disp
다음＝int(rnd*7)＋1
i ＝ 1, 4
a(행＋t(모양, 방향, i, 1), 열＋t(모양, 방향, i, 2))＝모양
call disp
i ＝ 1, 4
a(행＋t(모양, 방향, i, 1), 열＋t(모양, 방향, i, 2))＝0
행＝행＋1
tot＝0
i ＝ 1, 4
a(행＋t(모양, 방향, i, 1), 열＋t(모양, 방향, i, 2))＝0
yes
tot＝tot＋1
tot＝4
yes
no
i ＝ 1, 4
a(행＋t(모양, 방향, i, 1), 열＋t(모양, 방향, i, 2))＝모양
msgbox('Game Over')
End

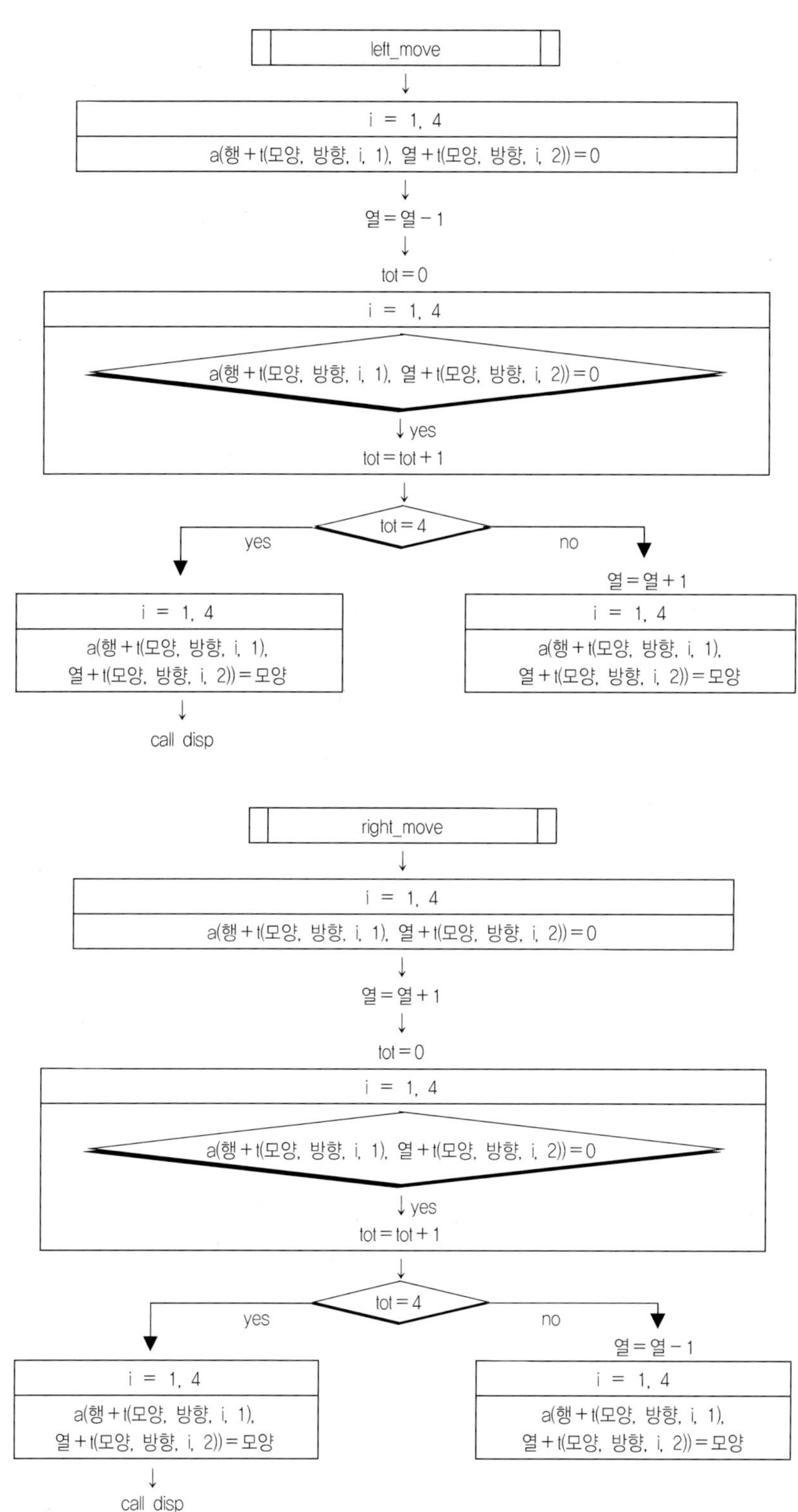

left_move
i = 1, 4
a(행＋t(모양, 방향, i, 1), 열＋t(모양, 방향, i, 2))＝0
열＝열－1
tot＝0
i = 1, 4
a(행＋t(모양, 방향, i, 1), 열＋t(모양, 방향, i, 2))＝0
yes
tot＝tot＋1
tot＝4
yes
no
열＝열＋1
i = 1, 4
a(행＋t(모양, 방향, i, 1),
열＋t(모양, 방향, i, 2))＝모양
i = 1, 4
a(행＋t(모양, 방향, i, 1),
열＋t(모양, 방향, i, 2))＝모양
call disp
right_move
i = 1, 4
a(행＋t(모양, 방향, i, 1), 열＋t(모양, 방향, i, 2))＝0
열＝열＋1
tot＝0
i = 1, 4
a(행＋t(모양, 방향, i, 1), 열＋t(모양, 방향, i, 2))＝0
yes
tot＝tot＋1
tot＝4
yes
no
열＝열－1
i = 1, 4
a(행＋t(모양, 방향, i, 1),
열＋t(모양, 방향, i, 2))＝모양
i = 1, 4
a(행＋t(모양, 방향, i, 1),
열＋t(모양, 방향, i, 2))＝모양
call disp

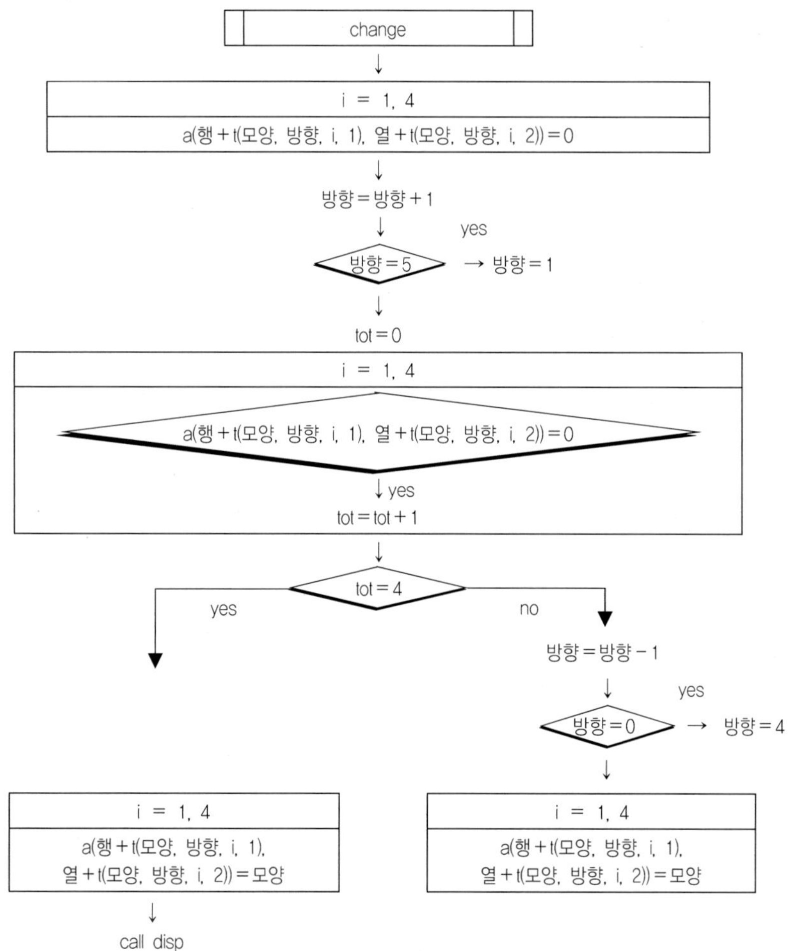

change
i = 1, 4
a(행＋t(모양, 방향, i, 1), 열＋t(모양, 방향, i, 2))＝0
방향＝방향＋1
방향＝5
yes
→ 방향＝1
tot＝0
i = 1, 4
a(행＋t(모양, 방향, i, 1), 열＋t(모양, 방향, i, 2))＝0
yes
tot＝tot＋1
tot＝4
yes
no
방향＝방향－1
방향＝0
yes
→ 방향＝4
i = 1, 4
a(행＋t(모양, 방향, i, 1),
열＋t(모양, 방향, i, 2))＝모양
call disp
i = 1, 4
a(행＋t(모양, 방향, i, 1),
열＋t(모양, 방향, i, 2))＝모양

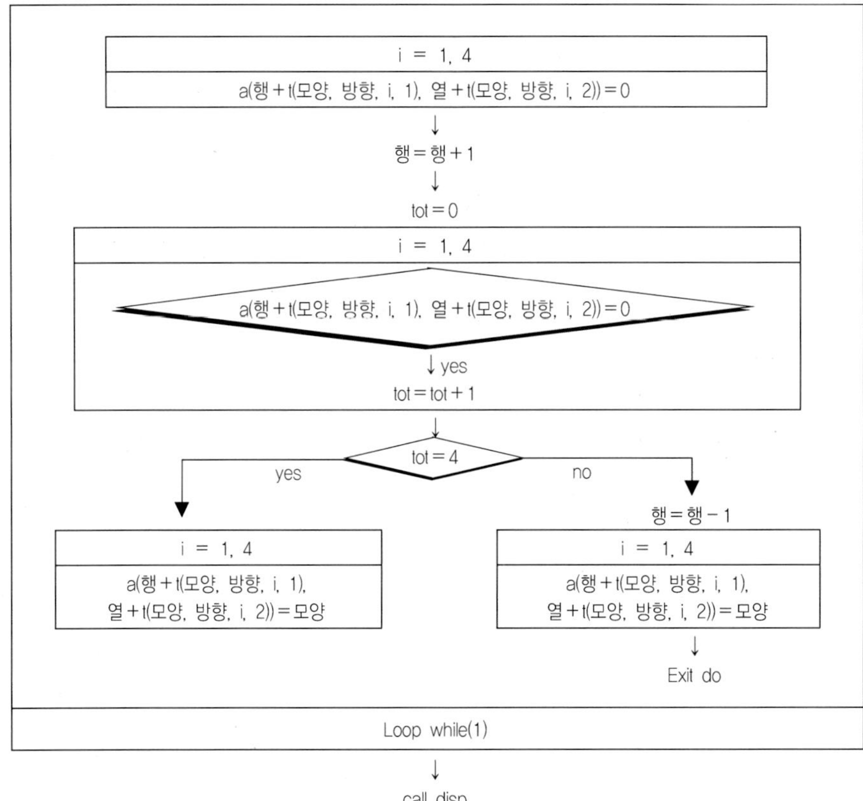
all_down
i = 1, 4
a(행+t(모양, 방향, i, 1), 열+t(모양, 방향, i, 2))=0
행=행+1
tot=0
i = 1, 4
a(행+t(모양, 방향, i, 1), 열+t(모양, 방향, i, 2))=0
yes
tot=tot+1
tot=4
yes
no
행=행-1
i = 1, 4
a(행+t(모양, 방향, i, 1),
열+t(모양, 방향, i, 2))=모양
i = 1, 4
a(행+t(모양, 방향, i, 1),
열+t(모양, 방향, i, 2))=모양
Exit do
Loop while(1)
call disp

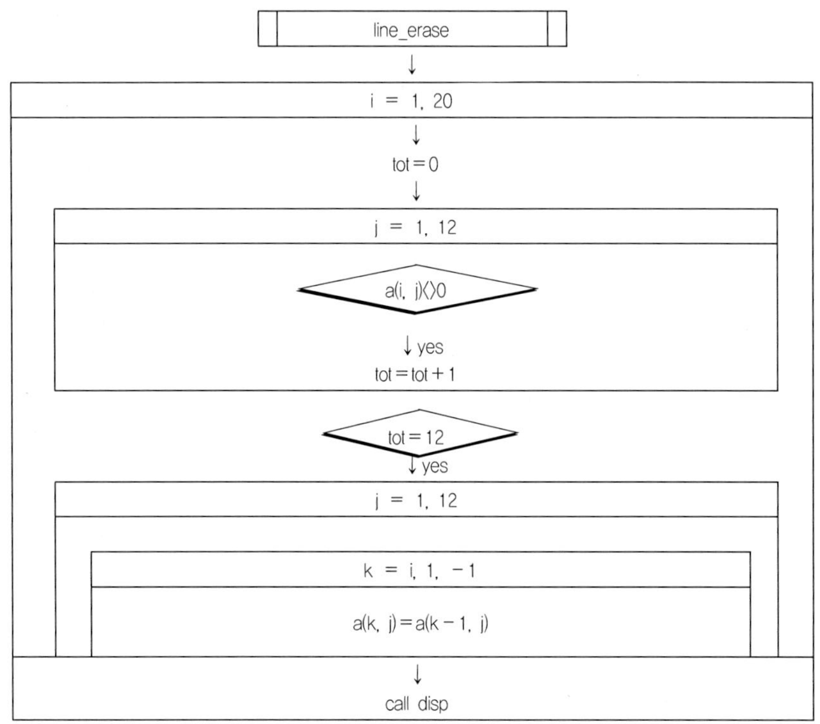

line_erase
i = 1, 20
tot = 0
j = 1, 12
a(i, j)<>0
yes
tot = tot + 1
tot = 12
yes
j = 1, 12
k = i, 1, -1
a(k, j) = a(k - 1, j)
call disp

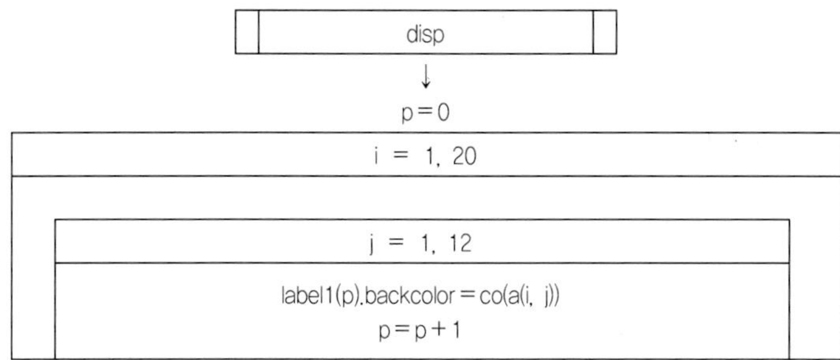
disp
p = 0
i = 1, 20
j = 1, 12
label1(p).backcolor = co(a(i, j))
p = p + 1

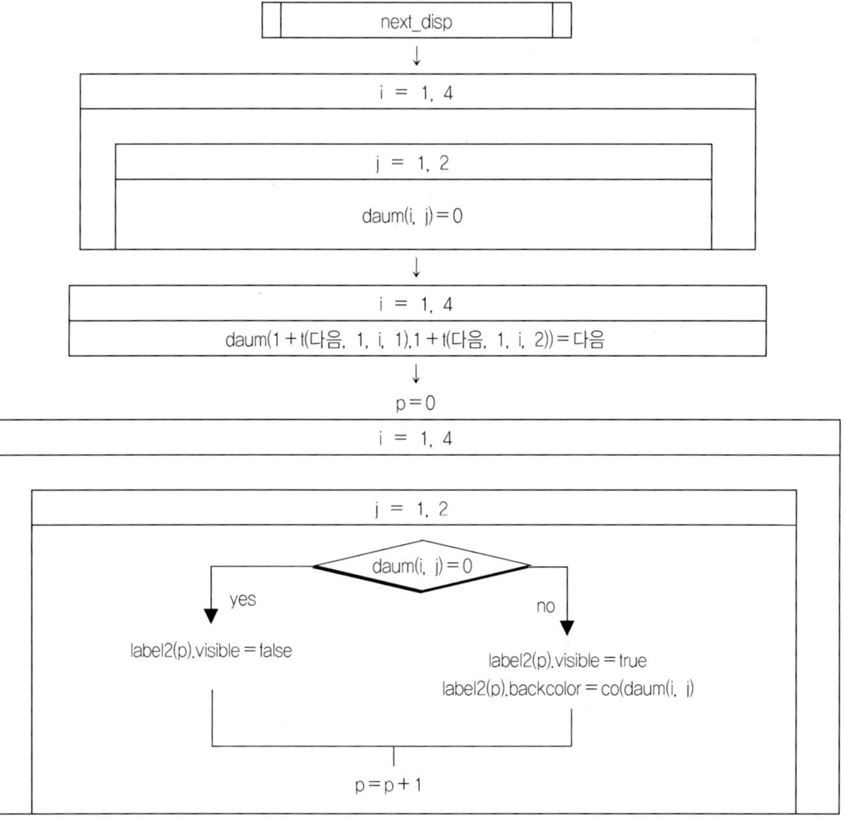
next_disp
i = 1, 4
j = 1, 2
daum(i, j) = 0
i = 1, 4
daum(1 + t(다음, 1, i, 1),1 + t(다음, 1, i, 2)) = 다음
p = 0
i = 1, 4
j = 1, 2
daum(i, j) = 0
yes
no
label2(p).visible = false
label2(p).visible = true
label2(p).backcolor = co(daum(i, j)
p = p + 1

숫자 퍼즐 게임 만들기

1 게임 설계하기

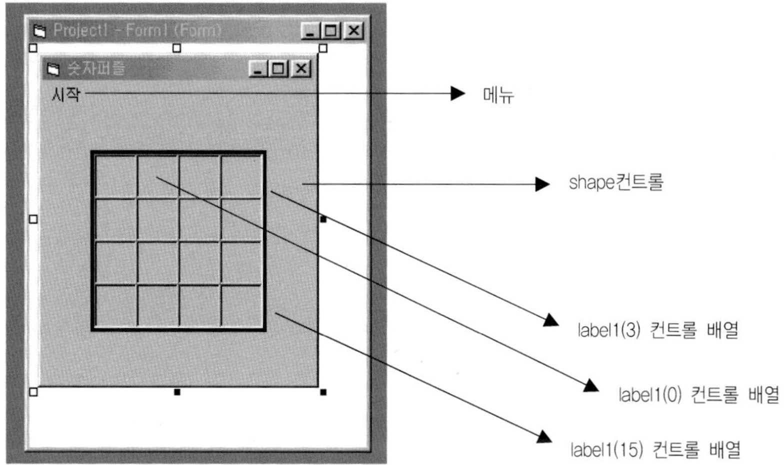

메뉴 **caption** = 시작, **name** = m_start
shape1: borderwidth = 3
label1(0) ~ **label(15)**: 컨트롤 배열
Alignment: 2. 가운데 정렬
borderstyle: 1. 단일고정
height = 525
width = 525
font = 'Comic Sans Ms' / size:14 / 진하게

배열 **a(6,6)** – 보초를 포함한 **label1**을 제어하기 위한 배열
배열 **ok(5,5)** – 정답 배열
row: 행, **col**: 열

2 보초 세우기

☞ 보초 세우기를 이해하기 위해서는 움직임 여부를 검사하는 과정을 이해하고 있어야 한다.

다음 그림을 살펴보도록 하자.

14	10	6	8
3	0	11	13
1	2	4	12
9	3	5	7

클릭한 위치(이동하려는 위치) = 3행2열

3행2열을 이동하려면 상(2행2열), 하(4행2열), 좌(3행1열), 우(3행3열) 중에서 0이 존재해야 한다(위 그림에서는 상(2행2열) 위치값이 0이므로 이동이 가능하다).

만약 0이 존재한다면 값을 서로 바꾼다(3행2열값 ↔ 2행2열값).

14	10	6	8
3	2	11	13
1	0	4	12
9	3	5	7

바꾼 후의 배열 내용

위의 방법으로 이동여부를 검사하는데 1행 요소, 4행 요소, 1열 요소, 4열 요소는 4행4열의 범위를 벗어나기 때문에 배열요소를 각각 늘린 후 0이 아닌 값을 기억한다(보초).

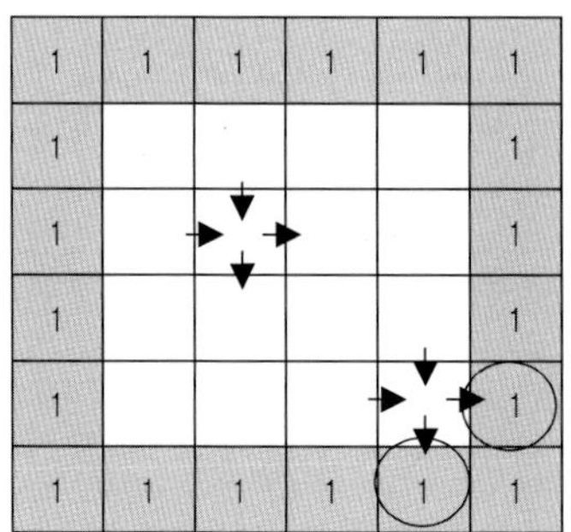

원으로 표시된 부분에서 보초가 설정되었으므로 error(배열첨자의 사용이 잘못되었다!!)가 해결이 되고 1의 값을 부여했기 때문에 이동할 수 없다.

3 중복되지 않게 1부터 15까지의 숫자를 a배열에 기억하기 보초 세우기

<방법1>: 기억할 숫자를 일정하게 하고 기억위치를 Random하게 한다.

① 숫자 1부터 15까지 다음을 반복한다.

② r = 행값 난수 발생(1부터 4까지)

③ c = 열값 난수 발생(1부터 4까지)

a(r, c) 위치에 0이 아닌 값이 존재하면 다시 ②번을 다시 수행

a(r, c) 위치값이 0이면 a(r, c)에 새로운 숫자 기억

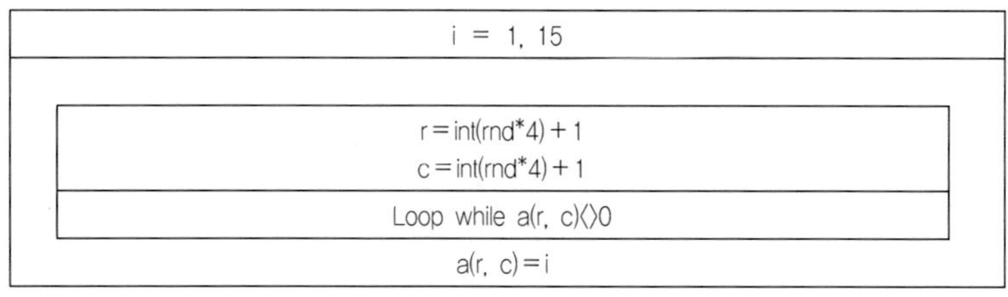

<방법2>: 기억위치를 일정하게 하고 기억숫자를 Random하게 한다.

① 중복 여부를 체크하기 위한 배열 c(15)를 이용한다(1: 사용 0: 미사용).

c(0)	c(1)	c(2)	c(3)	c(4)	c(5)	c(6)	c(7)	c(8)	c(9)	c(10)	c(11)	c(12)	c(13)	c(14)	c(15)
0	0	0	0	0	0	0	0	0	0	0	0	0	0	0	0

② 1행1열부터 4행4열까지 다음을 반복한다.

③ num = 난수 발생(0부터 15까지)

　　c(num)값이 1이면 ③번을 다시 수행

　　c(num)값이 0이면 a(행, 열) = num

　　c(num) = 1

```
                            i = 1, 4

                            j = 1, 4

                        num = int(rnd*16)
                        Loop  c(num)<>0
                          c(num) = 1
                          a(i, j) = num
```

4 index값으로 배열에서의 행, 열값 계산하기

0	1	2	3
4	5	6	7
8	9	10	11
12	13	14	15

label1은 컨트롤 배열로 작성이 되므로 위 그림과 같은 index값을 갖는다.

label1을 클릭했을 때 수행할 문장을 작성하려면 아래의 sub에서 작성하게 되는데 컨트롤 배열로 작성된 label이므로 매개변수로 index값이 전달된다(위 그림의 index값).

Private Sub Label1_Click(Index As Integer)

index	행	열	index	행	열	index	행	열	index	행	열
0	1	1	1	1	2	2	1	2	3	1	2
4	2	1	5	2	2	6	2	2	7	2	2
8	3	1	9	3	2	10	3	2	11	3	2
12	4	1	13	4	2	14	4	2	15	4	2

4열로 구성되어 있기 때문에 각 index값 바로 밑의 index값은 +4가 됨을 알 수 있다.

(달력에서 해당 3일 바로 밑의 일은 10일(3+7)이 된다. 달력의 열은 7이므로)

그렇다면 행 요소는 4로 나눈 몫에 해당되고 열 요소는 4로 나눈 나머지와 연관되어 있음이 발견된다.

행＝index \ 4＋1(1행1열이 기준이므로 ＋1)
열＝index mod 4＋1

그렇다면 반대로 행/열이 주어지면 index값은 어떻게 구할까?
수식으로 표현하면
index＝(행－1)*4＋(열－1)이 된다.

5 플로우 차트

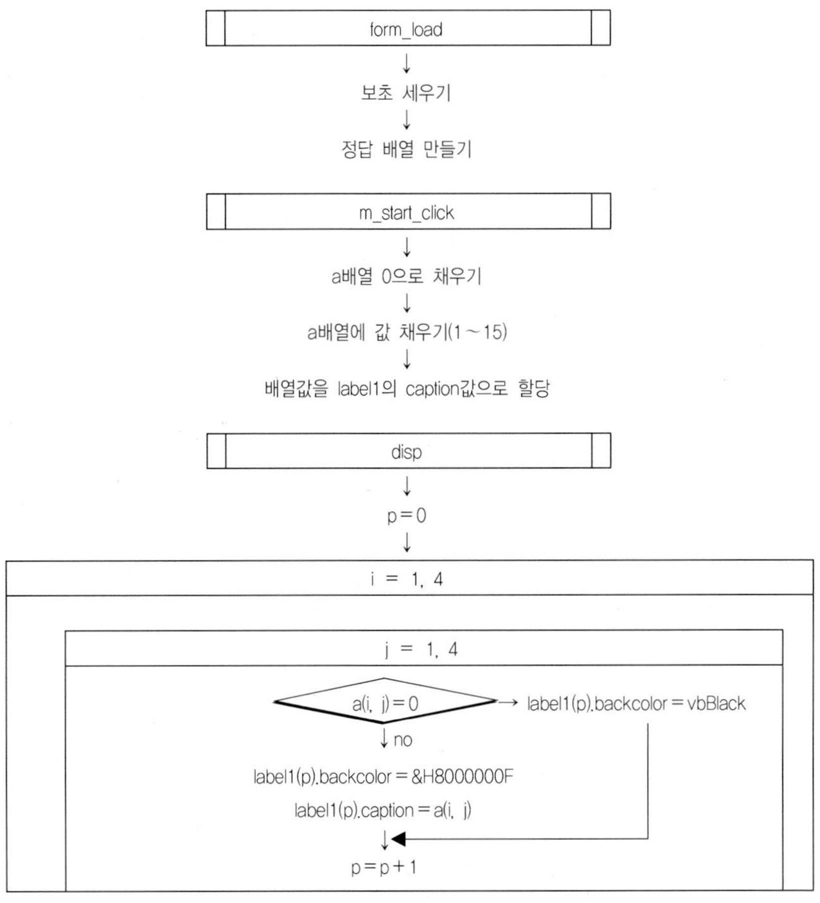

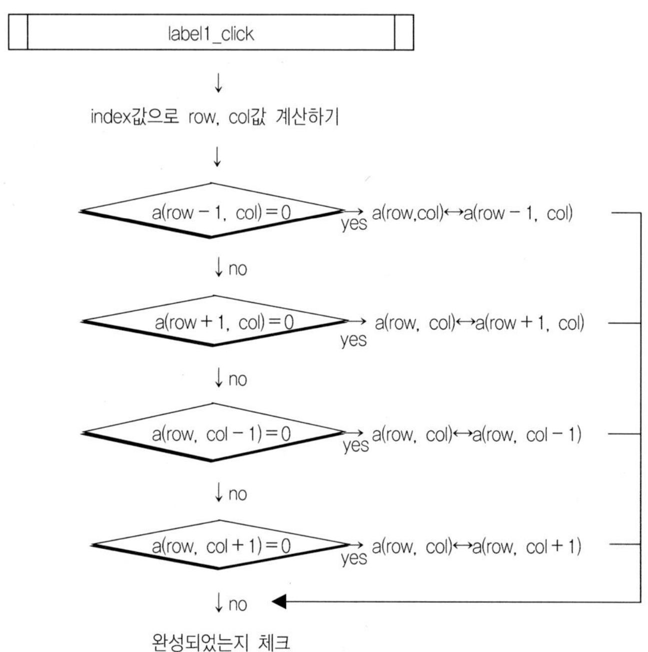

label1_click
index값으로 row, col값 계산하기
a(row − 1, col)＝0
yes a(row,col)↔a(row − 1, col)
no
a(row + 1, col)＝0
yes a(row, col)↔a(row + 1, col)
no
a(row, col − 1)＝0
yes a(row, col)↔a(row, col − 1)
no
a(row, col + 1)＝0
yes a(row, col)↔a(row, col + 1)
no
완성되었는지 체크

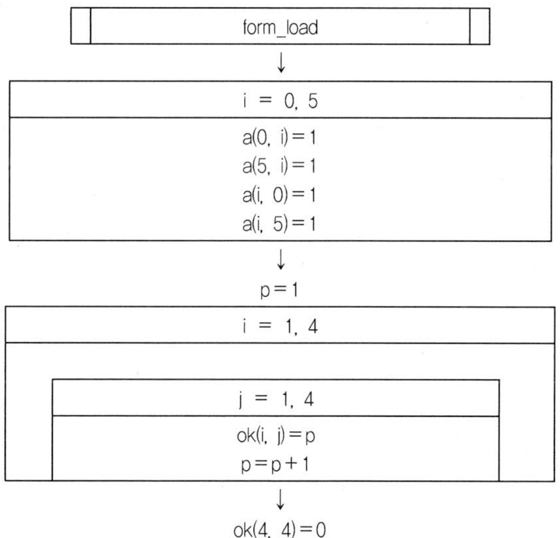

form_load
i ＝ 0, 5
a(0, i)＝1
a(5, i)＝1
a(i, 0)＝1
a(i, 5)＝1
p＝1
i ＝ 1, 4
j ＝ 1, 4
ok(i, j)＝p
p＝p + 1
ok(4, 4)＝0

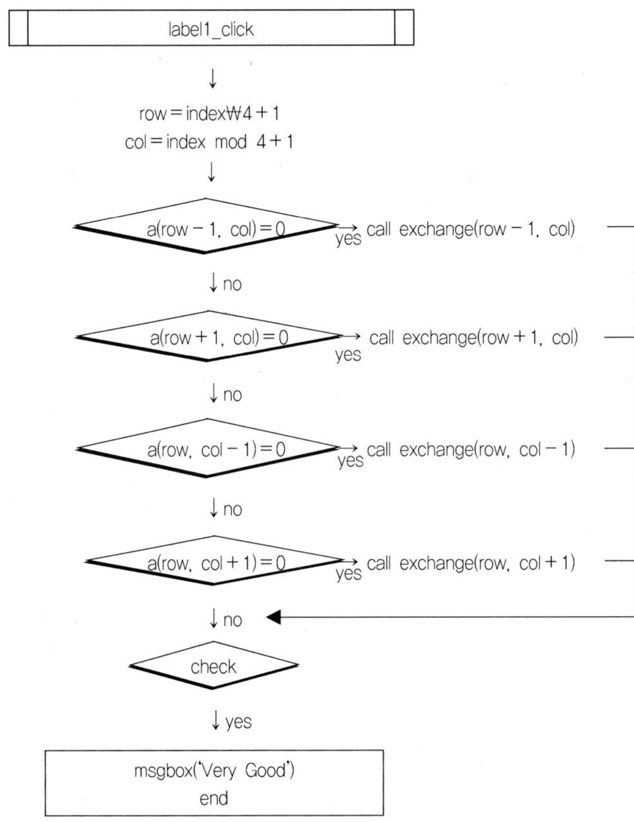

label1_click
row＝index₩4＋1
col＝index mod 4＋1
a(row－1, col)＝0
yes call exchange(row－1, col)
no
a(row＋1, col)＝0
yes call exchange(row＋1, col)
no
a(row, col－1)＝0
yes call exchange(row, col－1)
no
a(row, col＋1)＝0
yes call exchange(row, col＋1)
no
check
yes
msgbox('Very Good')
end

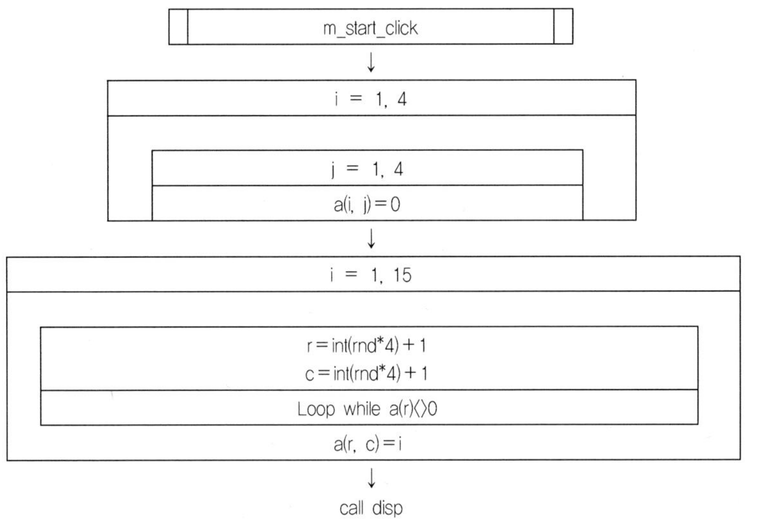

m_start_click
i ＝ 1, 4
j ＝ 1, 4
a(i, j)＝0
i ＝ 1, 15
r＝int(rnd*4)＋1
c＝int(rnd*4)＋1
Loop while a(r)〈〉0
a(r, c)＝i
call disp

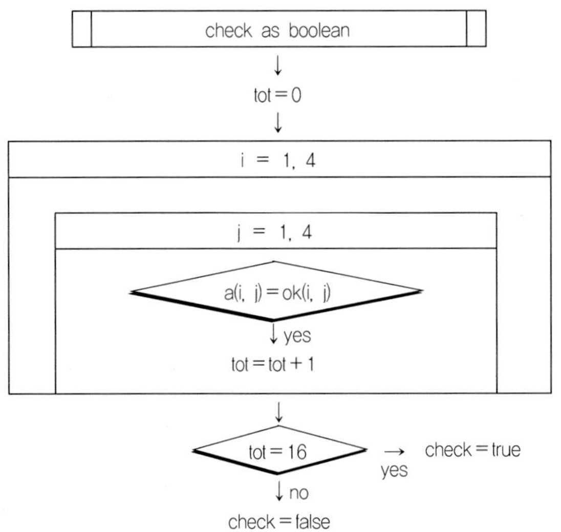

check as boolean
tot = 0
i = 1, 4
j = 1, 4
a(i, j) = ok(i, j)
yes
tot = tot + 1
tot = 16
yes
check = true
no
check = false

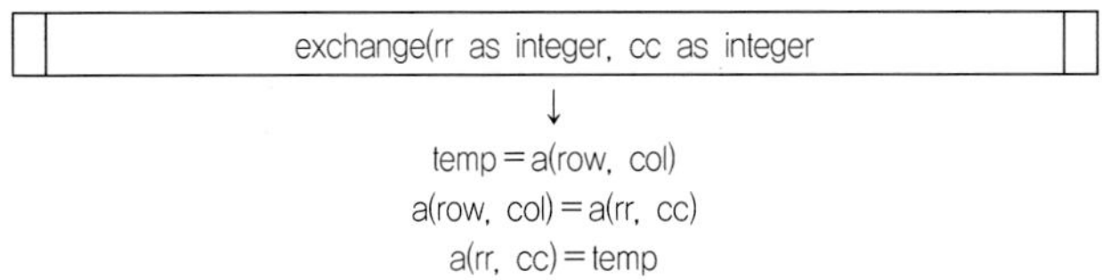

exchange(rr as integer, cc as integer
temp = a(row, col)
a(row, col) = a(rr, cc)
a(rr, cc) = temp

1 게임 설계하기

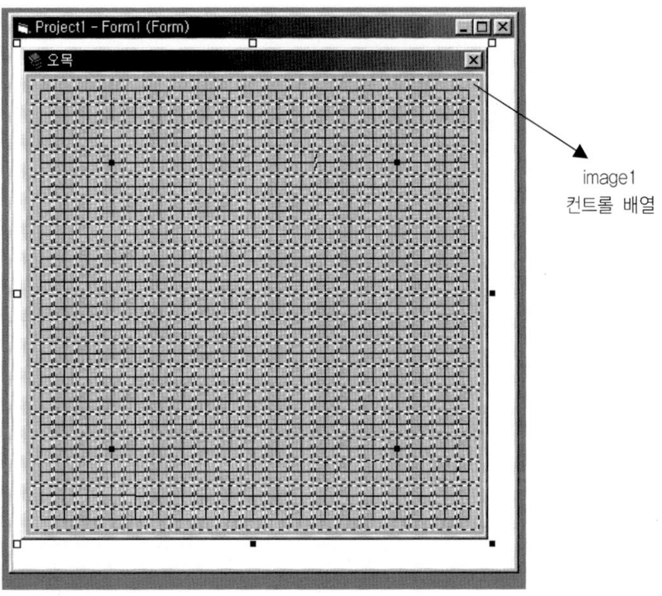

form1.picture: '판.bmp'
image1(0)~image1(360) 컨트롤 배열, height: 285, width: 285
배열 board(20, 20) - 보초 포함
order - 흑돌/백돌 순서 표시
row, col - 돌이 놓인 행/열
배열 bang(4, 2) - 오목 체크를 하기 위해 방향을 기억해 둘 배열

② 게임 실행 모습

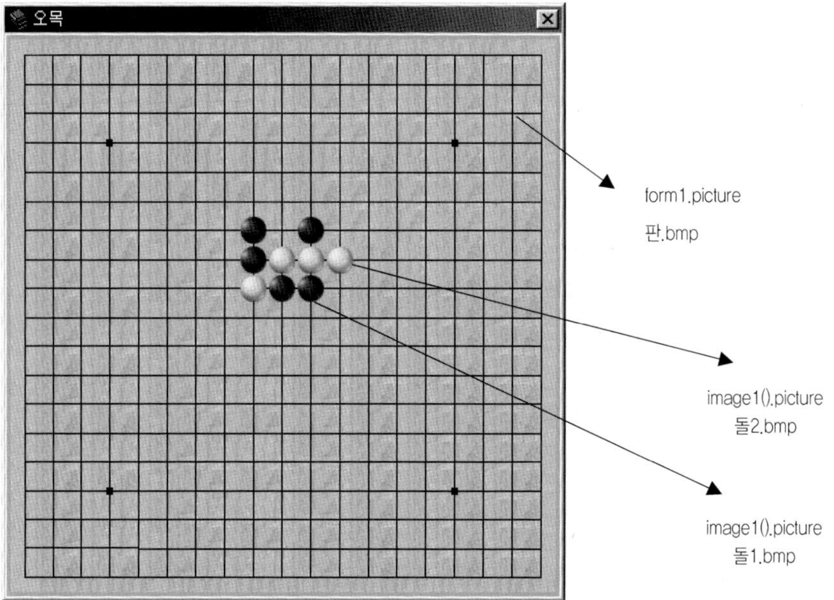

Memo

　오목은 현재위치에서 8방향으로 판단하는 것이 아니라 수평, 수직, 대각선(/), 대각선(\), 모두 4가지 경우로 오목이 되었는가를 판단하면 된다.

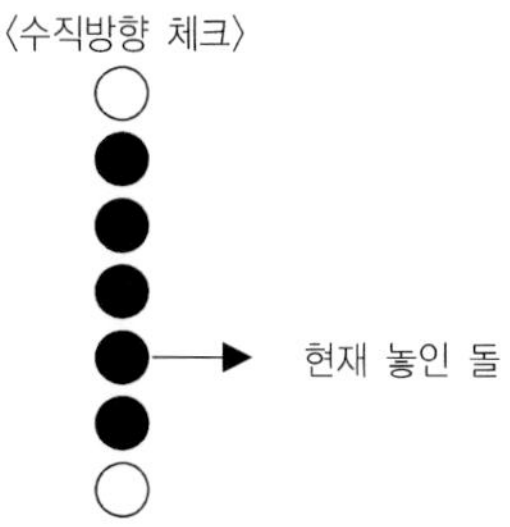

　현재 놓인 돌의 위치에서 검은 돌이 아닐 때까지 위 방향(행 감소)으로 진행한다. 반복을 마치면 반대방향으로(아래로: 행 감소) 진행하면서 검은 돌일 경우 카운트 변수에 ＋1한다. 검은 돌이 아니면 루프를 탈출한다.

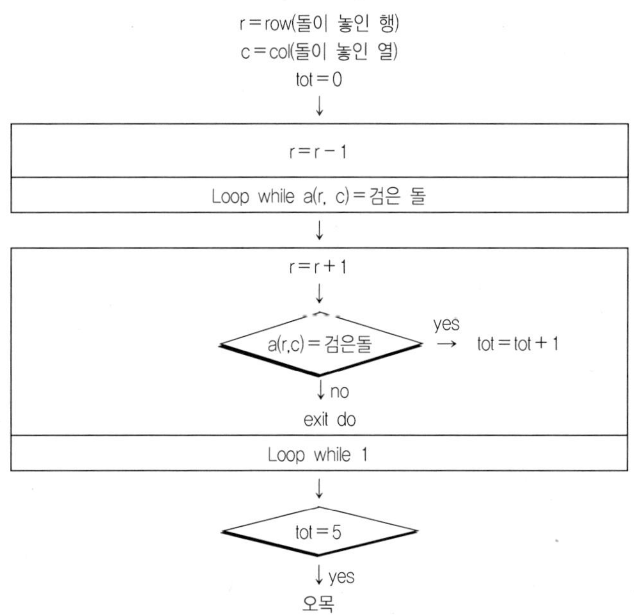

수직 방법 이외에 수평, 대각선(/), 대각선(\) 모양은 각각 do – Loop 문 내에 있는 행/열 변화가 각각 다르므로 표준적인 방법을 찾기 위해 다음과 같은 방향을 setting한다.

↑ r=r+1 c=c+0	1	0
↓ r=r−1 c=c+0	−1	0
→ r=r+0 c=c+1	0	1
← r=r+0 c=c−1	0	−1
↗ r=r−1 c=c+1	−1	1
↙ r=r+1 c=c−1	1	−1
↖ r=r−1 c=c−1	−1	−1
↘ r=r+1 c=c+1	1	1

1	0
0	1
−1	1
−1	−1

어두운 부분을 배열 bang에 기억한다(4행2열).

+ 배열값: 어두운 부분 ◀
− 배열값: 바로 아랫부분 ◀

Memo

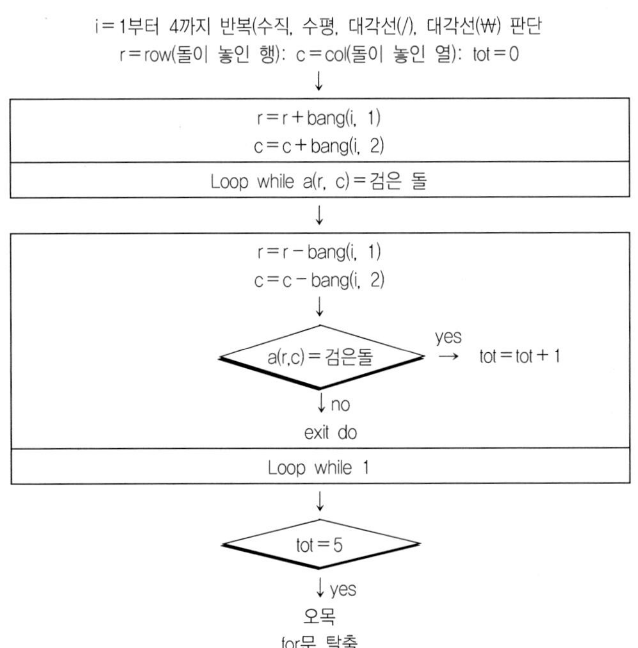

i＝1부터 4까지 반복(수직, 수평, 대각선(/), 대각선(＼) 판단
r＝row(돌이 놓인 행): c＝col(돌이 놓인 열): tot＝0
r＝r＋bang(i, 1)
c＝c＋bang(i, 2)
Loop while a(r, c)＝검은 돌
r＝r－bang(i, 1)
c＝c－bang(i, 2)
a(r,c)＝검은돌
yes
tot＝tot＋1
no
exit do
Loop while 1
tot＝5
yes
오목
for문 탈출

Memo

4 플로우차트

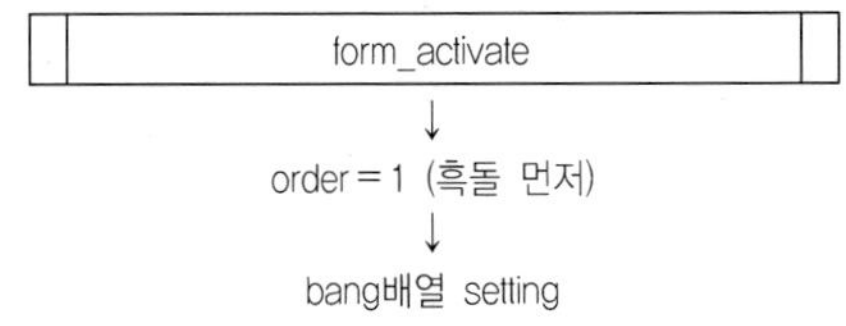

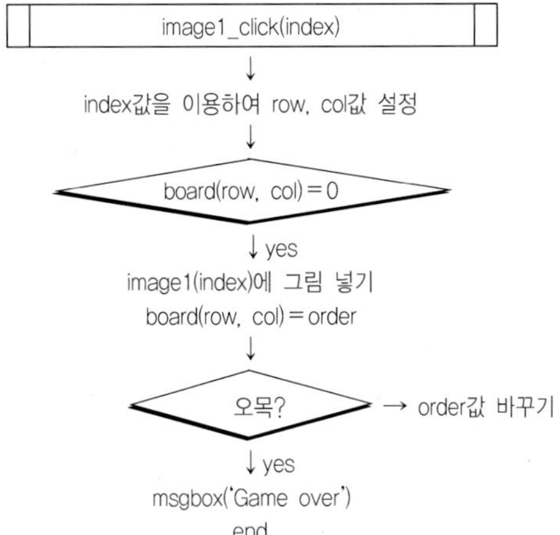

form_activate
↓
order = 1
↓
bang(1, 1) = 1 : bang(1, 2) = 0
bang(2, 1) = 0 : bang(2, 2) = 1
bang(3, 1) = −1 : bang(3, 2) = 1
bang(4, 1) = −1 : bang(4, 2) = −1

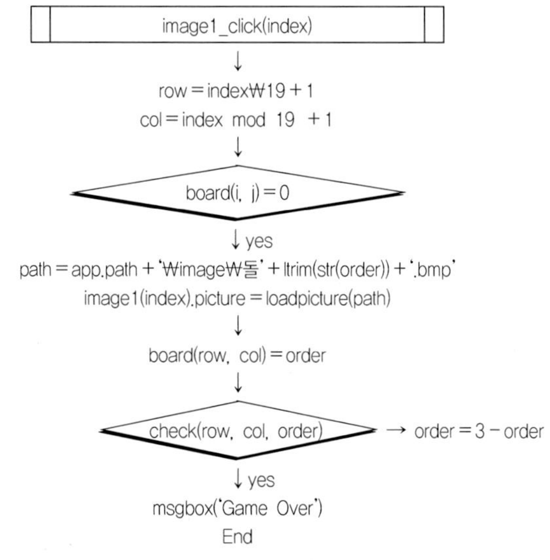

image1_click(index)
row = index₩19 + 1
col = index mod 19 + 1
board(i, j) = 0
↓ yes
path = app.path + '₩image₩돌' + ltrim(str(order)) + '.bmp'
image1(index).picture = loadpicture(path)
board(row, col) = order
check(row, col, order) → order = 3 - order
↓ yes
msgbox('Game Over')
End

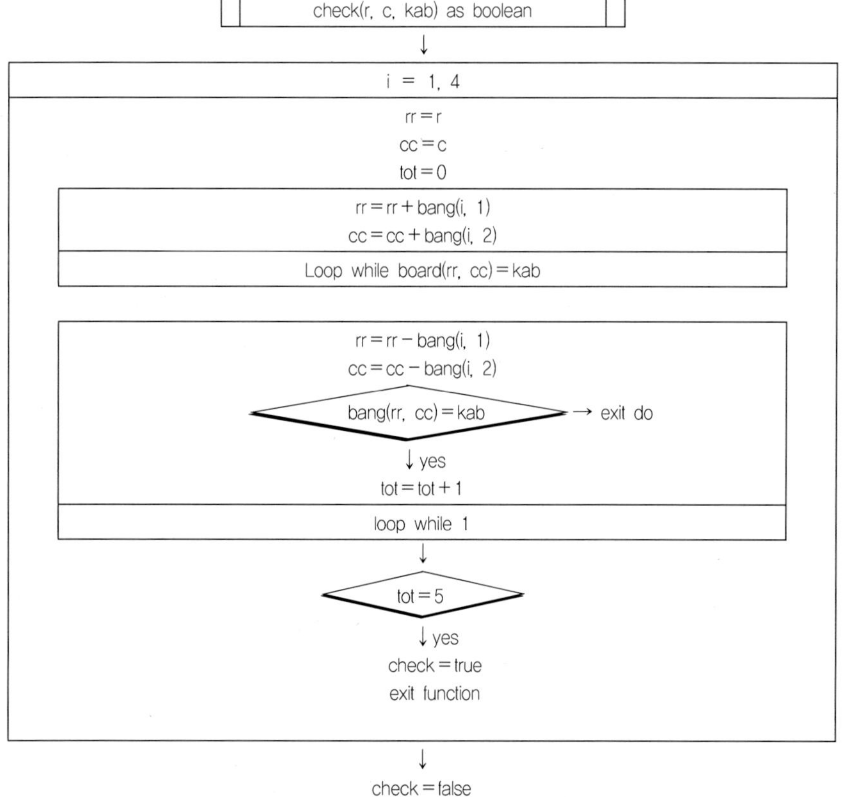

check(r, c, kab) as boolean
i = 1, 4
rr = r
cc = c
tot = 0
rr = rr + bang(i, 1)
cc = cc + bang(i, 2)
Loop while board(rr, cc) = kab
rr = rr - bang(i, 1)
cc = cc - bang(i, 2)
bang(rr, cc) = kab → exit do
↓ yes
tot = tot + 1
loop while 1
tot = 5
↓ yes
check = true
exit function
check = false

오델로 게임 만들기

1 게임 설계하기

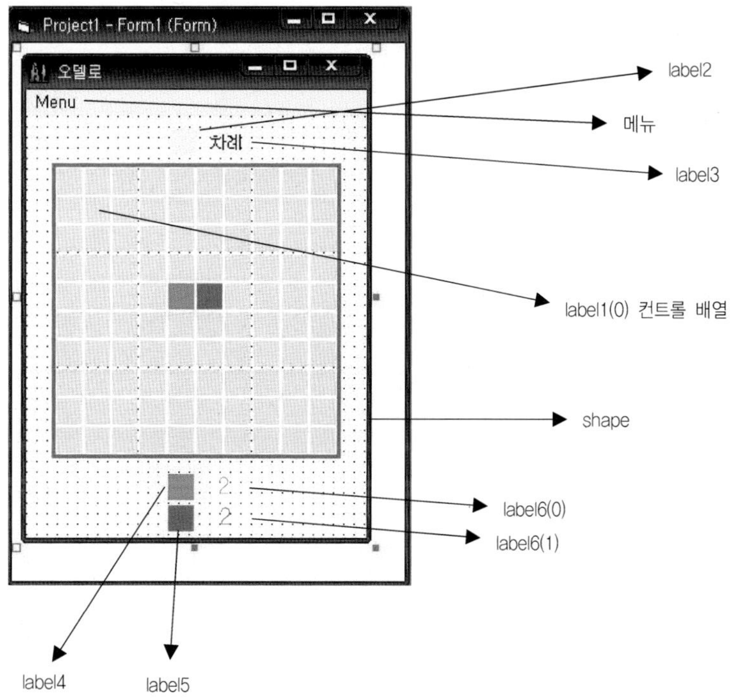

메뉴 caption = '시작' name = m_start
label1(0)~label1(99) 컨트롤 배열 backcolor = 밝은 회색(&H00E0E0E0&)
height = 300 width = 300
label2: 다음 순서를 지정 height = 300 width = 300
label3 caption = '차례'
label4 height = 300 width = 300 backcolor = 주황색(&H000080FF&)
label5 height = 300 width = 300 backcolor = 밝은 파랑색(&H00FF8080&)
label6(0)~label6(1) 남아 있는 주황색, 밝은 파랑색의 개수(점수)
shape1 borderwidth: 3

배열 co(2): label 색상 제어   배열 a(11,11): 진행 상황   order: 순서
배열 bang(8, 2): 8방향 Setting   jum1: 주황색 점수   jum2: 밝은 파랑색 점수

2 프로그램이 실행되는 모습

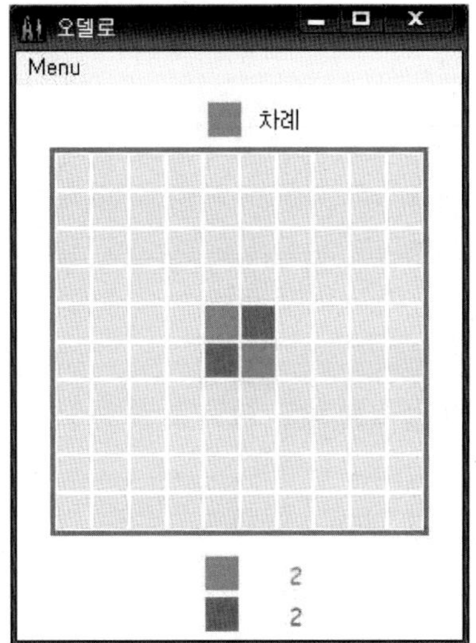

Memo

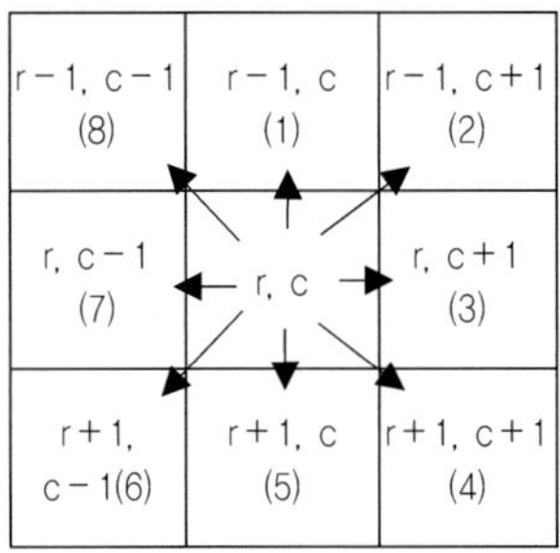

1	r − 1	c + 0
2	r − 1	c + 1
3	r + 0	c + 1
4	r + 1	c + 1
5	r + 1	c + 0
6	r + 1	c − 1
7	r + 0	c − 1
8	r − 1	c − 1

− 1	0
− 1	1
0	1
1	1
1	0
1	− 1
0	− 1
− 1	− 1

bang(8, 2)

　　dir.txt에 8가지 방향에 대한 행/열 변화를 기억 후 프로그램이 시작될 때 bang배열에 기억을 시킨다.

<u>dir.txt의 내용</u>

```
    −1,   0
    −1,   1
     0,   1
     1,   1
     1,   0
     1,  −1
     0,  −1
    −1,  −1
```

<u>dir.txt를 읽어 들여 bang배열에 기억하기</u>

```
open app.path + 'Wdir.txt' for input as #1
for i = 1 to 8
for j = 1 to 2
input #1,bang(i, j)
next
next
close #1
```

4 현재위치에서 8방향으로 검사한 후 모양 뒤집기

<예: 위 방향으로 검사 후 뒤집기: 주황색에 둘러싸인 밝은 파랑색 뒤집기>

주황색: 1, 밝은 파랑색: 2이라고 정의한다.

1. 행 감소/열 고정(위 방향으로 검사)

2. 위치값이 2이면 tot 증가 후 1번 수행

   아니면 반복 종료

3. tot값>0이면 원래 위치에서 tot값만큼 반복하면서 모양 바꾸기

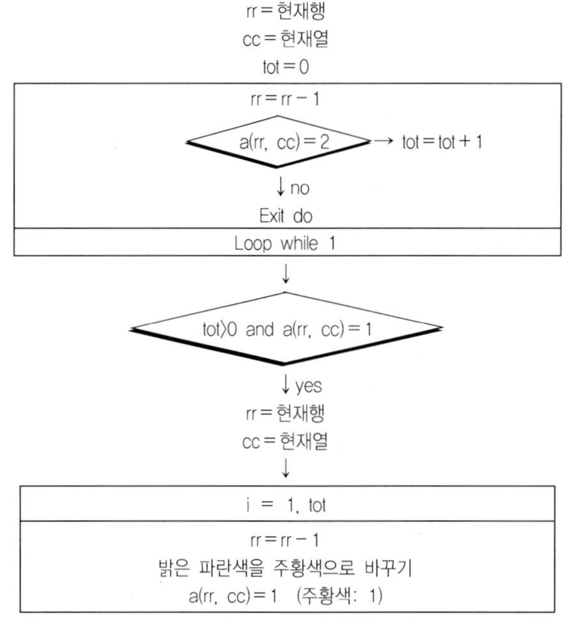

위 방법을 이용하여 8방향을 반복적으로 처리하면 된다.

5 밝은 파랑색을 주황색으로 바꿀 때 뒤집는 효과 내기

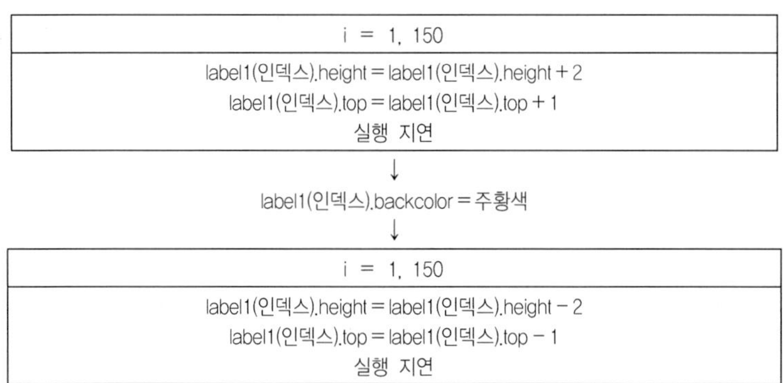

height는 2씩 변화를 하고 top이 1씩 변화를 하는 것은 위/아래로 1씩 감소하는 효과를 주려고 하니까 top은 1씩 변화하지만 height는 2씩 변화해야 한다.

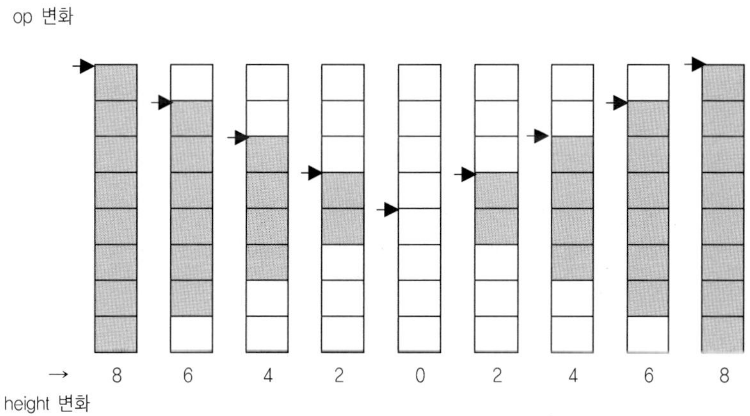

6 보초 세우기

dim a(11, 11) as integer(보초 포함)

보초를 세우는 이유는 무엇일까?

2장에서도 살펴보았듯이, 보초는 방향에 대한 체크를 할 때뿐만 아니라, 선택되는 위치에서부터 테두리에 해당하는 곳까지 색이 변화한다고 가정하면, 그 끝을 어떻게 판단할 것인가?

이것에 대한 해결방법 역시 보초를 이용하면 해결이 된다.

이렇듯, 게임을 제작하는 데 있어, 많은 부분에서 보초를 세워 처리함을 반드시 기억하도록 하자.

Memo

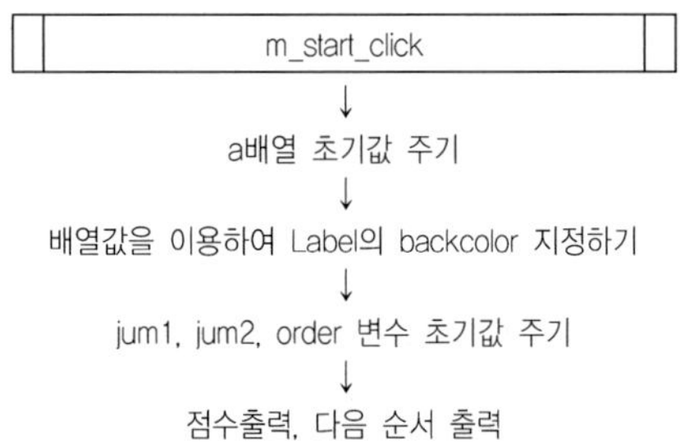

form_load
↓
co배열에 색깔 지정하기
↓
보초 세우기
↓
dir.txt파일 읽은 후 bang배열에 기억

m_start_click
↓
a배열 초기값 주기
↓
배열값을 이용하여 Label의 backcolor 지정하기
↓
jum1, jum2, order 변수 초기값 주기
↓
점수출력, 다음 순서 출력

label1_mousedown
↓
index값을 이용하여 r(행), c(열)값 주기
↓
a(r, c) = order
↓
label1(index) 배경색 넣기
↓
모양 뒤집기
↓
order값 전환
↓
label2 배경색 넣기
↓
jum1, jum2 계산 후 출력하기

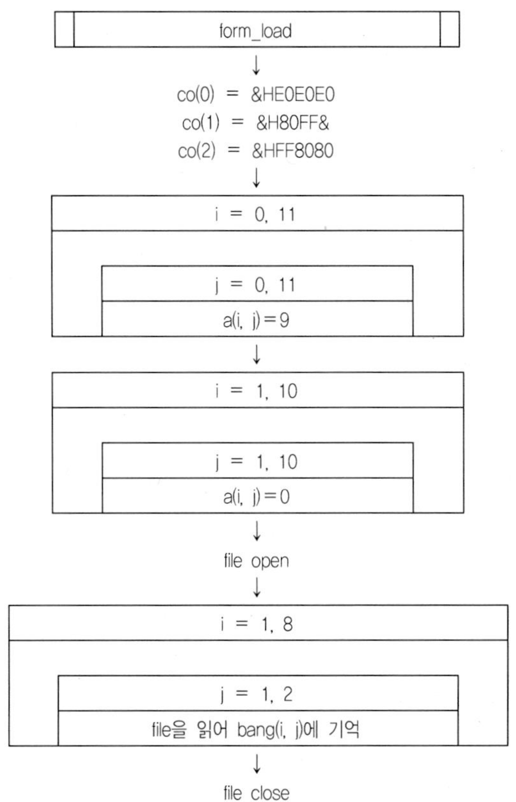

m_start_click
↓
a(5, 5) = 1: a(5, 6) = 2
a(6, 5) = 2: a(6, 6) = 1
↓
call disp
↓
jum1 = 2 : jum2 = 2 : order = 1
↓
label6(0).caption = jum1
label6(1).caption = jum2
label2.backcolor(co(order))

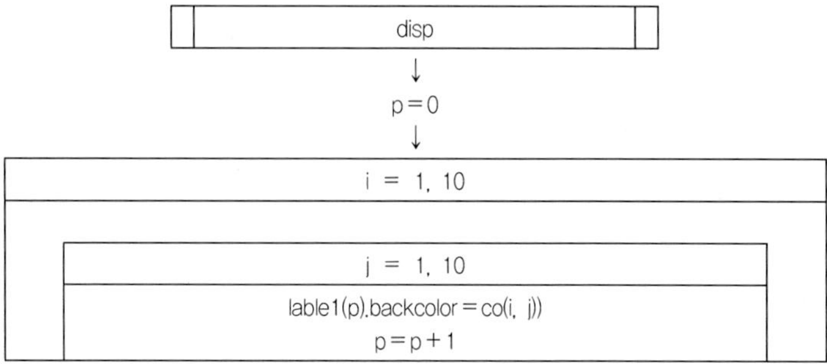
disp
p = 0
i = 1, 10
j = 1, 10
lable1(p).backcolor = co(i, j))
p = p + 1

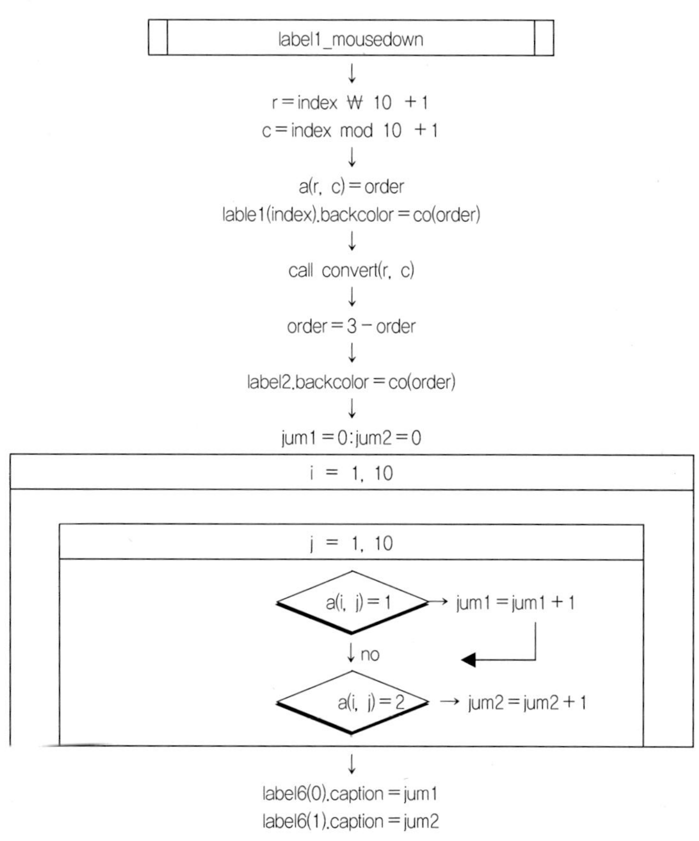
label1_mousedown
r = index ₩ 10 + 1
c = index mod 10 + 1
a(r, c) = order
lable1(index).backcolor = co(order)
call convert(r, c)
order = 3 - order
label2.backcolor = co(order)
jum1 = 0 : jum2 = 0
i = 1, 10
j = 1, 10
a(i, j) = 1
jum1 = jum1 + 1
no
a(i, j) = 2
jum2 = jum2 + 1
label6(0).caption = jum1
label6(1).caption = jum2

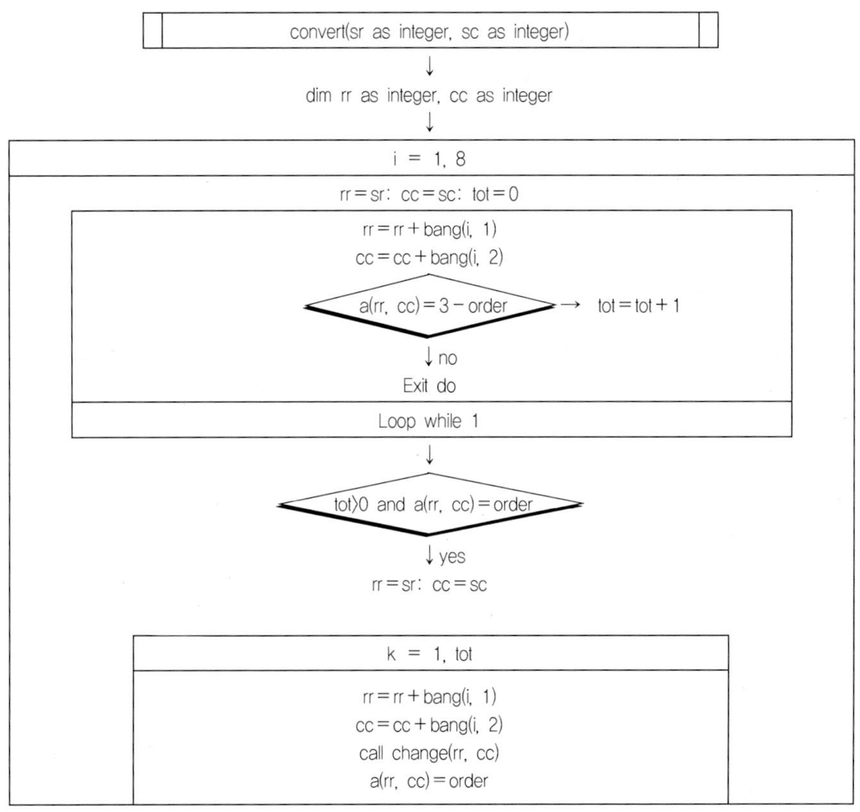

convert(sr as integer, sc as integer)
dim rr as integer, cc as integer
i = 1, 8
rr = sr: cc = sc: tot = 0
rr = rr + bang(i, 1)
cc = cc + bang(i, 2)
a(rr, cc) = 3 - order
tot = tot + 1
no
Exit do
Loop while 1
tot>0 and a(rr, cc) = order
yes
rr = sr: cc = sc
k = 1, tot
rr = rr + bang(i, 1)
cc = cc + bang(i, 2)
call change(rr, cc)
a(rr, cc) = order

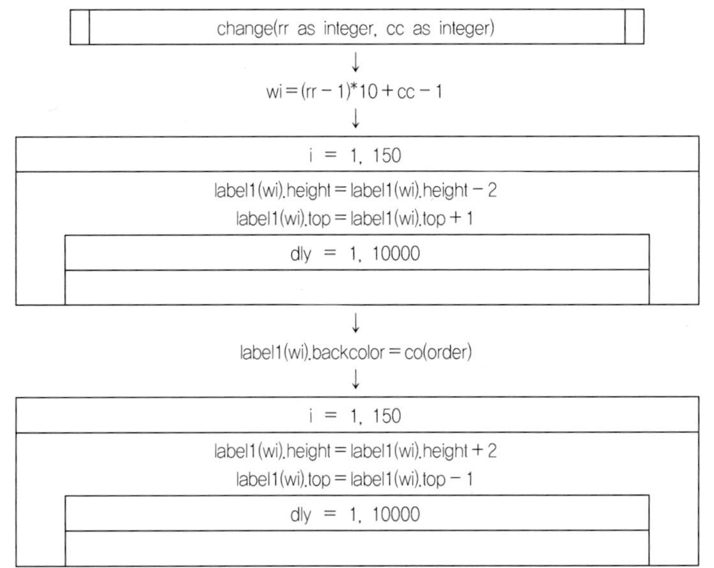

change(rr as integer, cc as integer)
wi = (rr - 1)*10 + cc - 1
i = 1, 150
label1(wi).height = label1(wi).height - 2
label1(wi).top = label1(wi).top + 1
dly = 1, 10000
label1(wi).backcolor = co(order)
i = 1, 150
label1(wi).height = label1(wi).height + 2
label1(wi).top = label1(wi).top - 1
dly = 1, 10000

V

지뢰 찾기 게임 만들기

1 게임 설계하기

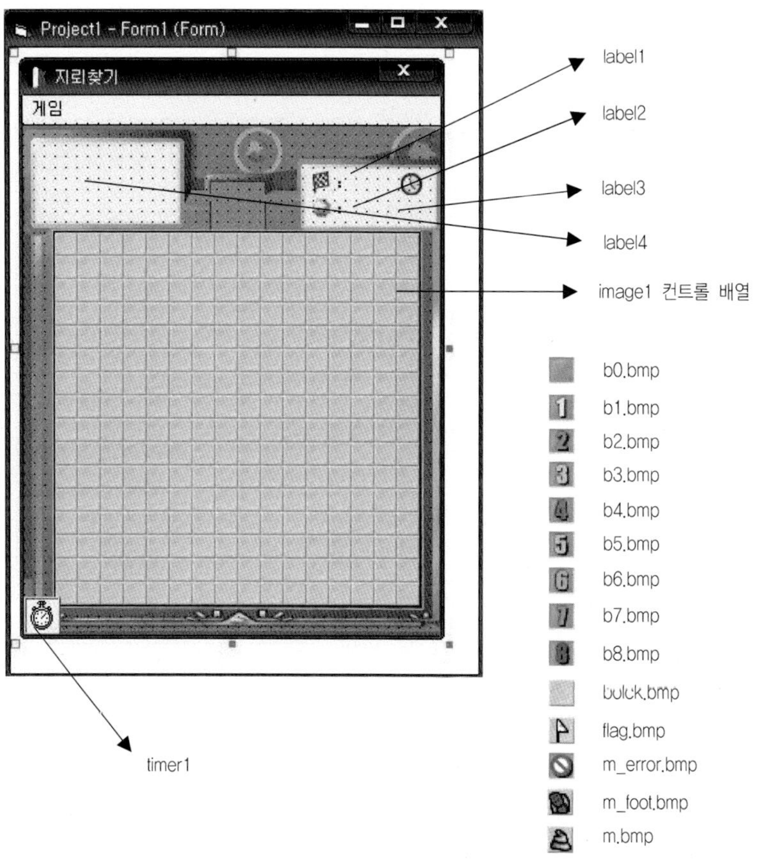

☞ 프로그램 설명

✐ 왼쪽마우스 버튼을 눌렀을 때(image1_mousedown의 매개변수 button값이 1일 경우)배열값이 0이면 'b'+ ltrim(str(주변지뢰수))+'.bmp'를 image1에 넣으며 지뢰가 없음을 뜻한다.
배열값이 1이면 지뢰가 있음에도 없다는 표시를 했으므로 'm_foot.bmp'를 image1에 넣으며 게임이 종료된다.
✐ 오른쪽마우스 버튼을 눌렀을 때(image1_mousedown의 매개변수 button값이 2일 경우)'flag.bmp'를 image1에 넣으며 지뢰가 있다는 표시를 한다.
만약 지뢰가 없음에도 불구하고 있다는 표시를 했을 경우는 프로그램은 계속 진행되고 종료 시 'm_error.bmp'를 image1에 넣음으로써 잘못 표시됨을 알림(sub foot_mine())
더블클릭 시 주변에 8방향의 지뢰를 모두 찾은 경우는 남아 있는 빈 공간을 모두 연다.
✐ 지뢰 찾기 완성의 두 가지 경우
1. 오른쪽 버튼으로 지뢰를 모두 표시한다.
2. 왼쪽 버튼으로 지뢰가 없는 부분을 모두 처리한다.

☞ 프로그램에 사용되는 컨트롤

컨트롤	속성	사용목적
menu 게임 m_game 게임시작 m_start 걸음마 m_work 하수 m_hasu 중수 m_jung 고수 m_go 영웅 m_young		
image1(0)~image1(255)	width: 255 height: 255	현재 상황
label1 label2 label3	alignment: 오른쪽 정렬 font Comic Sans Ms size:10 굵게	남은 지뢰 수 표시 찾은 지뢰 수 표시 경과시간(초)
label4	alignment: 가운데 정렬 font 바탕체 size: 10 굵게	단계표시(걸음마/하수……)
timer1	interval: 1000 enableled: false	경과시간 타이머

☞ 프로그램에 사용되는 배열 및 변수

배열 a(17, 17): 작업배열(보초 포함)
n(17, 17): 주변 8방향에 존재하는 지뢰 수 기억
chk(17, 17): mouse click 여부 기억
trv(17, 17): 재귀호출 시 이용
bang(8, 2): 8방향을 지시하기 위해 행/열 변화를 기억변수

변수 mcnt: 남은 지뢰 수 → label1
fcnt: 찾은 지뢰 수 → label2
cho: 경과시간(초) → label3
danke: 단계 → label4
play: 시작메뉴를 누른 후에만 mouseDown을 실행하기 위해 사용

② 프로그램이 실행되는 모습

Memo

③ 배열 a(17, 17)에 지정된 수만큼 지뢰 기억하기

다음을 지뢰 수(mcnt)만큼 반복한다.

1. 위치값 난수 발생(1~16)

   행 = int(rnd*16) + 1

   열 = int(rnd*16) + 1

2. a(행, 열) 값이 1이면 이미 값이 존재하므로 위치 설정을 다시 하기 위해

   1. 반복　0이면 a(행, 열) = 1

i = 1, mcnt
r = int(rnd*16) + 1 c = int(rnd*16) + 1
Loop while a(r, c) = 1
a(r, c) = 1

Memo

4 8방향의 지뢰수를 계산하여 배열 n(17, 17)에 기억하기

<table>
<tr><td>i−1,
j−1</td><td>i−1, j</td><td>i−1,
j+1</td></tr>
<tr><td>i, j−1</td><td>i, j</td><td>i, j+1</td></tr>
<tr><td>i+1,
j−1</td><td>i+1, j</td><td>i+1,
j+1</td></tr>
</table>

위 그림에서 8가지 방향은 bang(8, 2)에 기억되어 있다.

보초가 0행, 17행, 0열, 17열에 0이 기억되어 있으므로 위치에 관계없이 다음과 같이 처리하면 된다.

개수계산: "1이 있다면 카운트 변수를 증가하라."라고 하는 조건문을 이용하지 말고 8방향에 존재하는 수를 모두 더하면 된다. 그러면 결국 1의 개수(지뢰 수)가 된다.

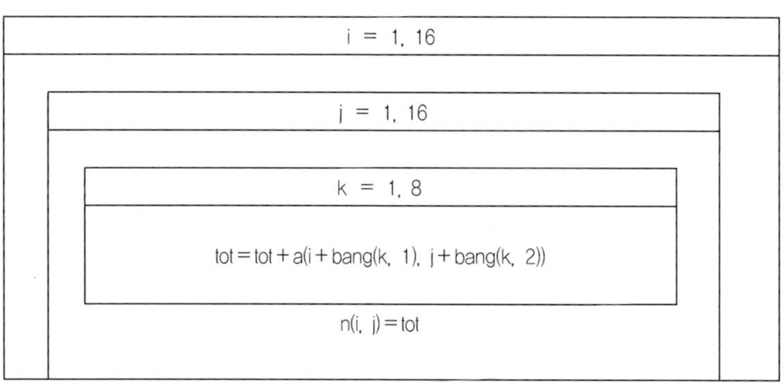

Memo

5 플로우 차트

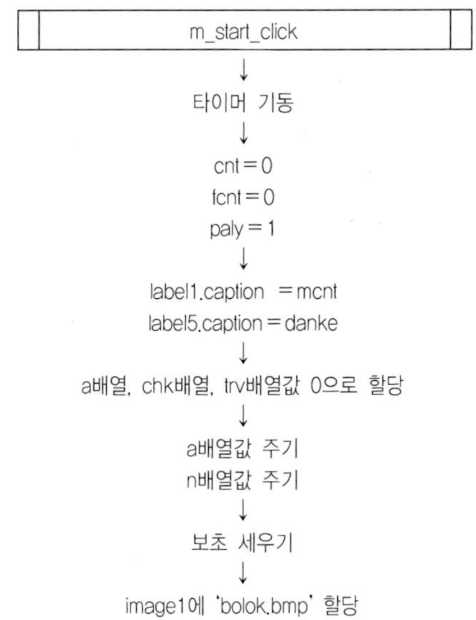

| m_work_click |
↓
mcnt = 20
danke = '걸음마'

| m_hasu_click |
↓
mcnt = 30
danke = '하수'

| m_jung_click |
↓
mcnt = 60
danke = '중수'

| m_go_click |
↓
mcnt = 90
danke = '고수'

| m_young_click |
↓
mcnt = 120
danke = '영웅'

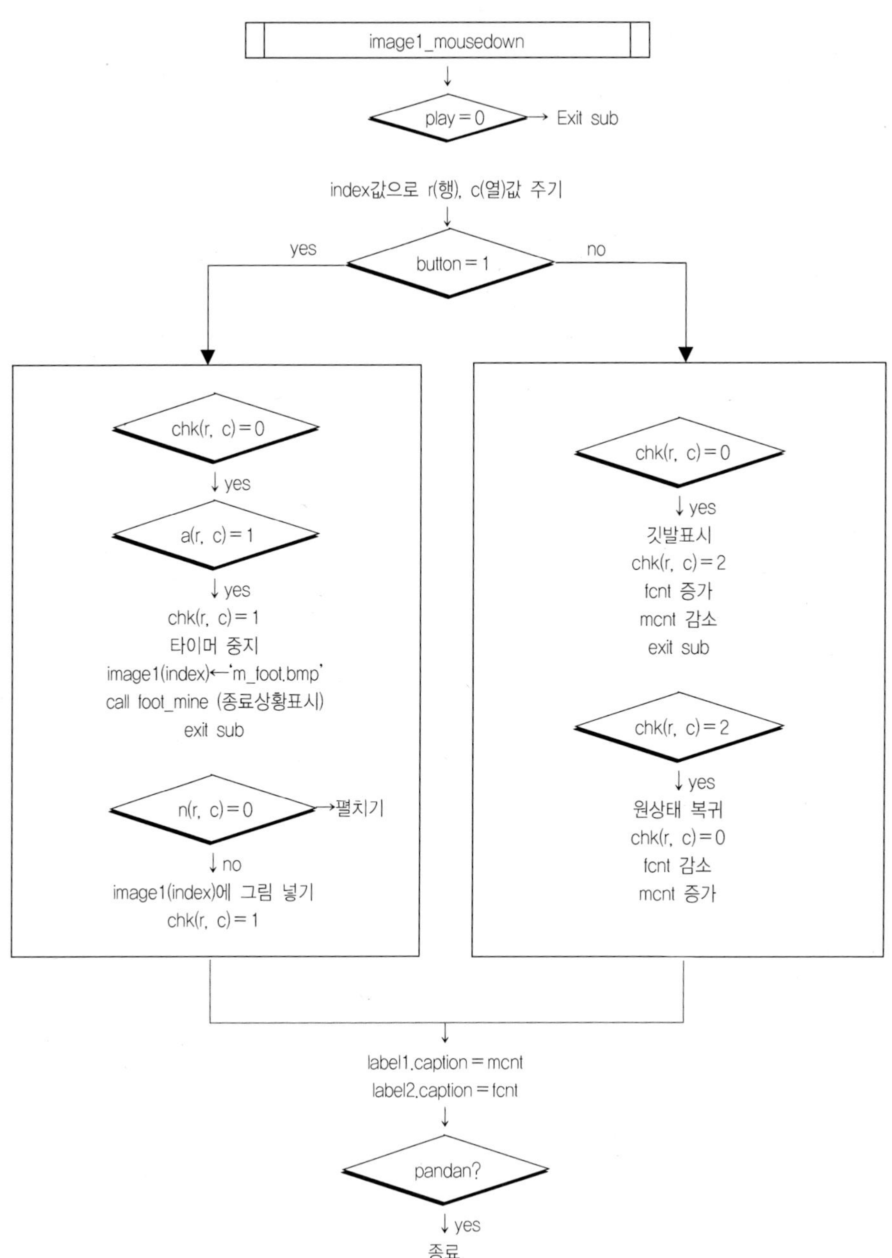

image1_mousedown
play = 0 → Exit sub
index값으로 r(행), c(열)값 주기
button = 1
yes
no
chk(r, c) = 0
↓ yes
a(r, c) = 1
↓ yes
chk(r, c) = 1
타이머 중지
image1(index)←'m_foot.bmp'
call foot_mine (종료상황표시)
exit sub
n(r, c) = 0
→펼치기
↓ no
image1(index)에 그림 넣기
chk(r, c) = 1
chk(r, c) = 0
↓ yes
깃발표시
chk(r, c) = 2
fcnt 증가
mcnt 감소
exit sub
chk(r, c) = 2
↓ yes
원상태 복귀
chk(r, c) = 0
fcnt 감소
mcnt 증가
label1.caption = mcnt
label2.caption = fcnt
pandan?
↓ yes
종료

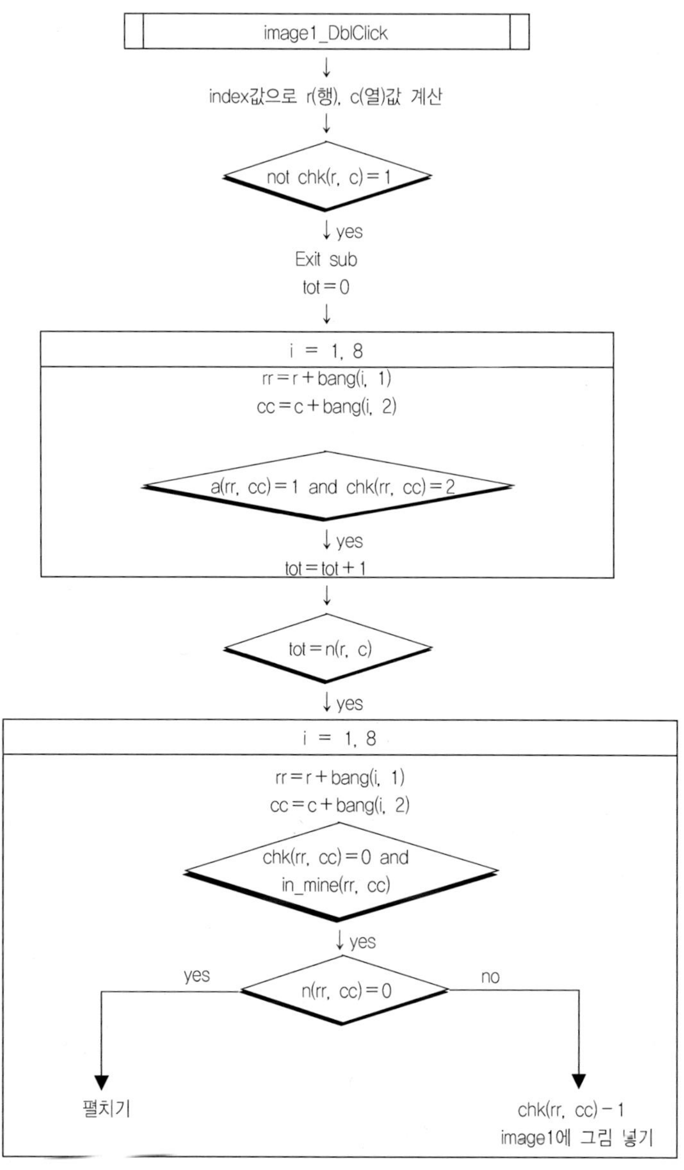

image1_DblClick
index값으로 r(행), c(열)값 계산
not chk(r, c) = 1
yes
Exit sub
tot = 0
i = 1, 8
rr = r + bang(i, 1)
cc = c + bang(i, 2)
a(rr, cc) = 1 and chk(rr, cc) = 2
yes
tot = tot + 1
tot = n(r, c)
yes
i = 1, 8
rr = r + bang(i, 1)
cc = c + bang(i, 2)
chk(rr, cc) = 0 and
in_mine(rr, cc)
yes
yes
n(rr, cc) = 0
no
펼치기
chk(rr, cc) - 1
image1에 그림 넣기

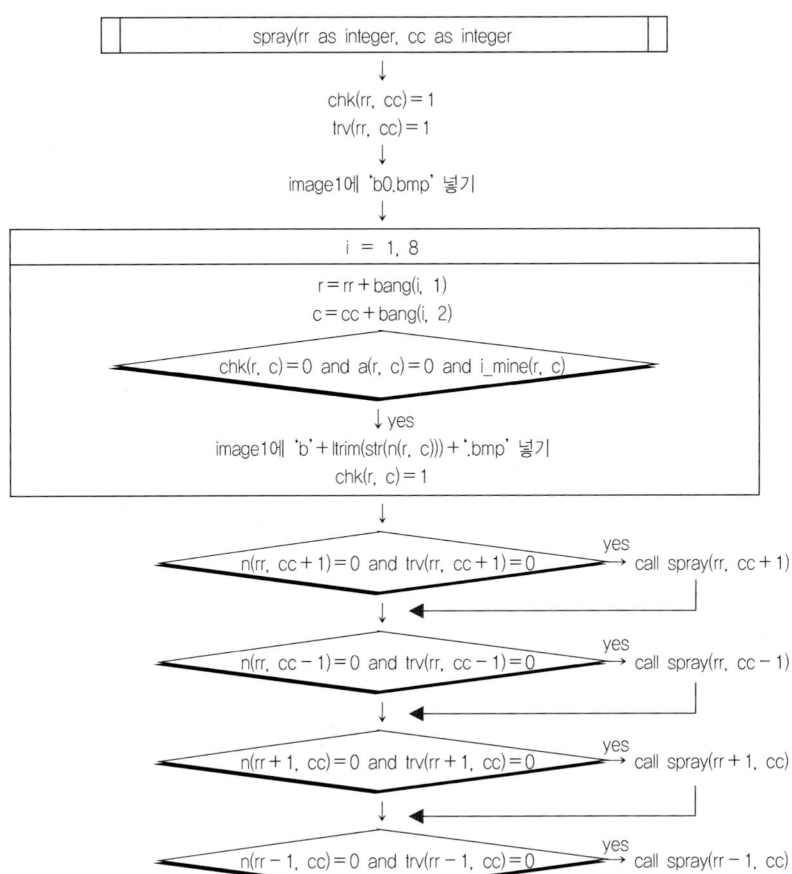
spray(rr as integer, cc as integer
chk(rr, cc) = 1
trv(rr, cc) = 1
image1에 'b0.bmp' 넣기
i = 1, 8
r = rr + bang(i, 1)
c = cc + bang(i, 2)
chk(r, c) = 0 and a(r, c) = 0 and i_mine(r, c)
yes
image1에 'b' + ltrim(str(n(r, c))) + '.bmp' 넣기
chk(r, c) = 1
n(rr, cc + 1) = 0 and trv(rr, cc + 1) = 0
yes
call spray(rr, cc + 1)
n(rr, cc - 1) = 0 and trv(rr, cc - 1) = 0
yes
call spray(rr, cc - 1)
n(rr + 1, cc) = 0 and trv(rr + 1, cc) = 0
yes
call spray(rr + 1, cc)
n(rr - 1, cc) = 0 and trv(rr - 1, cc) = 0
yes
call spray(rr - 1, cc)

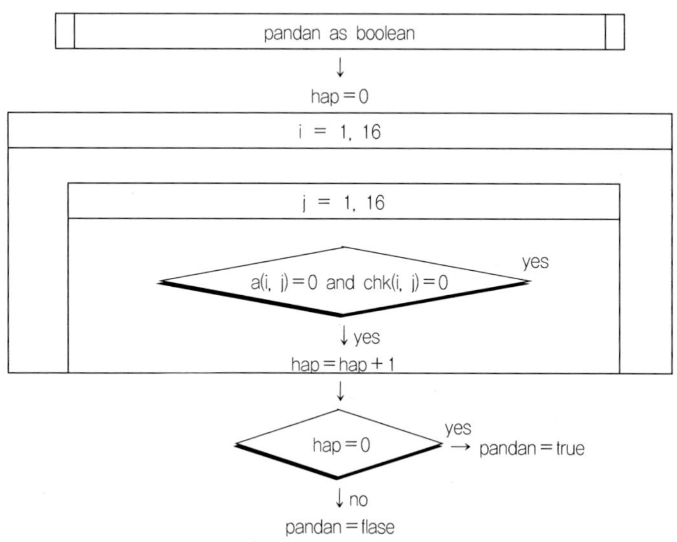

pandan as boolean
hap = 0
i = 1, 16
j = 1, 16
a(i, j) = 0 and chk(i, j) = 0
yes
↓ yes
hap = hap + 1
hap = 0
yes
→ pandan = true
↓ no
pandan = flase

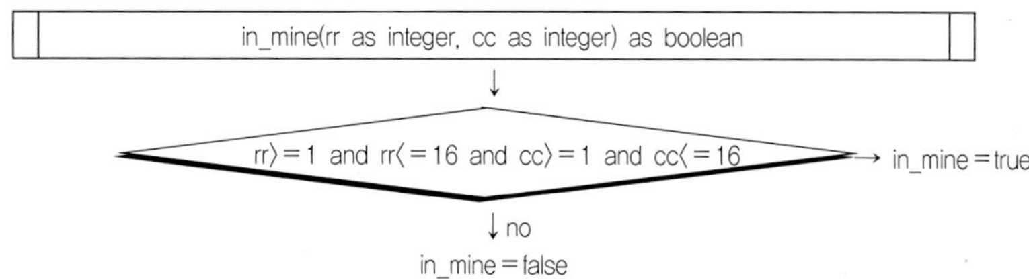

in_mine(rr as integer, cc as integer) as boolean
rr〉= 1 and rr〈= 16 and cc〉= 1 and cc〈= 16
→ in_mine = true
↓ no
in_mine = false

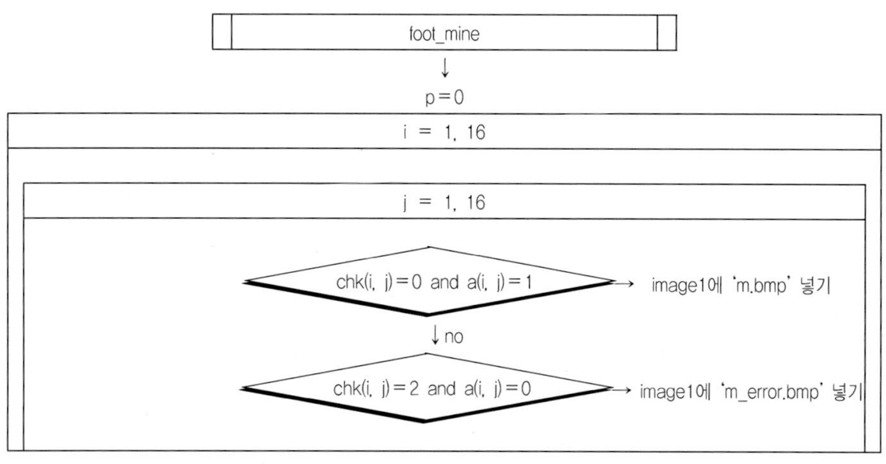

foot_mine
p = 0
i = 1, 16
j = 1, 16
chk(i, j) = 0 and a(i, j) = 1
→ image1에 'm.bmp' 넣기
↓ no
chk(i, j) = 2 and a(i, j) = 0
→ image1에 'm_error.bmp' 넣기

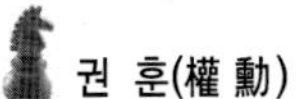 권 훈(權 勳)

▌약 력
제주대학교 해양생물공학전공 이학사(2003)
제주대학교 대학원 컴퓨터공학과 공학석사(2005)
제주대학교 대학원 컴퓨터공학과 박사수료
제주산업정보대학, 제주한라대학 강사
現, 제주대학교 강사
　　　제주대학교 유비쿼터스 컨버전스 사업단(UCC) 연구원

▌주요논저
A Hierarchical routing protocol for Sensor network reconfiuration
무선 센서 네트워크와 인터넷(IPv4/IPv6) 연동 모델
저장 공간과 검색 효율을 위한 XML 문서의 RDB 스키마 모델
ETID를 이용한 XML 기반의 계층적 RDB 스키마 모델
그외 국내 저널지 및 국제 컨퍼런스 등 다수

게임 제작을 위한
Visual Basic Programming

초판인쇄 | 2008년 12월 15일
초판발행 | 2008년 12월 15일

지은이 | 권　훈
펴낸이 | 채종준
펴낸곳 | 한국학술정보㈜
주　소 | 경기도 파주시 교하읍 문발리 513-5 파주출판문화정보산업단지
전　화 | 031) 908-3181(대표)
팩　스 | 031) 908-3189
홈페이지 | http://www.kstudy.com
E-mail | 출판사업부　publish@kstudy.com

등　록 | 제일사-115호(2000. 6. 19)
가　격 | 21,000

ISBN 978-89-534-0478-6 13500 (Paper Book)
　　　978-89-534-0479-3 18560 (e-Book)

이담 Books 는 한국학술정보(주)의 지식실용서 브랜드입니다.